数学和数学家的故事

(第4册)

[美] 李学数 编著

上海科学技术出版社

图书在版编目(CIP)数据

数学和数学家的故事. 第4册 / (美)李学数编著.
—上海:上海科学技术出版社,2015.1(2024.7重印)
ISBN 978-7-5478-2379-8

Ⅰ.①数… Ⅱ.①李… Ⅲ.①数学—普及读物 Ⅳ.
①01-49

中国版本图书馆CIP数据核字(2014)第223933号

策　　划:包惠芳　田廷彦
责任编辑:田廷彦
封面设计:赵　军

数学和数学家的故事(第4册)
[美]李学数　编著

上海世纪出版(集团)有限公司
上　海　科　学　技　术　出　版　社　出版、发行
(上海市闵行区号景路159弄A座9F-10F)
邮政编码 201101　www.sstp.cn
上海中华印刷有限公司印刷
开本:700×1000　1/16　印张:14.25
字数:160千字
2015年1月第1版　2024年7月第12次印刷
ISBN 978-7-5478-2379-8/O·41
定价:35.00元

序

李信明教授，笔名李学数，是一位数学家。他主攻图论，论文迭出，成绩斐然。同时，又以撰写华文数学家的故事而著称。

我结识信明先生，还是20世纪80年代的事。那时我和新加坡的李秉彝先生过往甚密。有一天他对我说："我有一个亲戚也是学数学的，也和你一样关注当代的数学家和数学故事。"于是我就和信明先生通信起来。我的书架上很快就有了香港广角镜出版社的《数学和数学家的故事》。1991年，我在加州大学伯克利的美国数学研究所访问，和他任教的圣何塞(San Jose)大学相距不远。我们曾相约在斯坦福大学见面，可是机缘不适，未能成功。我们真正握手见面，要到2008年在上海交通大学才实现。不过，尽管我们见面不多，却是长年联络、信息不断的文友。

说起信明教授的治学经历，颇有一点传奇色彩。他出生于新加坡，在马来西亚和新加坡两地度过中小学时光，高中进的是中文学校。在留学加拿大获得数学硕士学位后，去法国南巴黎大学从事了7年半研究工作。以后又在美国哥伦比亚大学攻读计算机硕士学位,1984 年获得史蒂文斯理工大学的数学博士学位。长期在加州的圣何塞州立大学担任电子计算机系教授。这样,他谙熟英文、法文和中文,研究领域横跨数学和计算机科学,先后接受了欧洲大陆传统数学观和美国数学学派的洗礼,因而兼有古典数学和现代数学的观念和视野。

值得一提的是,信明先生在法国期间,曾受业于菲尔兹奖获得者、法国大数学家、数学奇人格罗滕迪克(A. Grothendieck)。众所周知,格罗滕迪克是一个激进的和平主义者,越战期间会在河内的森林里为当地的学者讲授范畴论。1970 年,正值研究顶峰时彻底放弃了数学,1983 年出人意料地谢绝了瑞典皇家科学院向他颁发的克拉福德(Crafoord)奖和 25 万美元的奖金。理由是他认为应该把这些钱花在年轻有为的数学家身上。格氏的这些思想和作为,多多少少也影响了信明先生。一个广受欧美数学训练的学者,心甘情愿地成为一名用中文写作数学故事的业余作家,需要一点超然的思想境界。

信明先生的文字,我以为属于“数学散文”一类。我所说的数学散文,是指以数学和数学家故事为背景,饱含人文精神的诸如小品、随笔、感言、论辩等的短篇文字。它有别于数学论文、历史考证、新闻报道和一般的数学科普文字,具有更强的人文性和文学性。事实上,打开信明先生的作品,一阵阵纯朴、真挚的文化气息扑面而来。其中有大量精心挑选的名言名句,展现出作者深邃的人生思考;有许多生动的故事细节,展现出美好的人文情怀;更有数学的科学精神,点亮人们的智慧火炬。这种融数学、文学、哲学于一体的文字形式,我心向往之。尽管“数学散文”目下尚不是一种公认的文体,但我期待在未来会逐渐地流行开来。

每读信明先生以李学数笔名发表的很多文章,常常折服于他的独特视角和中文表达能力。在某种意义上说,他是一位“世界公民”，学贯中西，能客观公正地以国际视野，向华人公众特别是青少年展现当今世界上不断发生着的数学故事，他致力于描绘国际共有的数学文明图景，传播人类理性文明的最高数学智慧。

步入晚年的信明先生，身体不是太好，警报屡传。尤其是视力下降，对写作影响颇大。看到他不断地将修改稿一篇篇地发来，总在为他的过度劳累而担忧。但是，本书的写作承载着一位华人学者的一片赤子之情。工作只会不断向前，已经没有后退的路了。现在，这些著作经过修改以后，简体字本终于要在大陆出版了，对于热爱数学的读者来说，这是一件很值得庆幸的事。

2013 年的夏天，上海酷热，最高气温破了 40℃的记录，每天孵空调度日。然而，电子邮箱里依然不断地接到他发来的各种美文，以及阅读他修改后的书稿（proof reading）。每当此时，心境便会平和下来，仿佛感受了一阵凉意。

以上是一些拉杂的感想，因作者之请，写下来权作为序。

张奠宙

于华东师范大学数学系

前言

《伊利亚特》第 18 章第 125 行有这样一句话："you should know the difference now that we are back."中国新文化运动的老将之一胡适这样翻译："如今我们回来了，你们请看，要换个样子了！"这句话很适合这套书的情况。

这书的许多文章是在 20 世纪 70 年代为香港的《广角镜》月刊写的科学普及文章，当时的出发点很简单：数学是许多学生厌恶害怕的学科。这门学科在一般人认为是深不可测。可是它就像德国数学家高斯所说的："数学是科学之后"，是科学技术的基础，一个国家如果要摆脱落后贫穷状态，一定要让科技先进，这就需要有许多人掌握好数学。

而另外一方面，当时我在欧洲生活，由于受的是西方教育，对于中国文化了解不深入、也不多，可以说是"数典忘祖"。当年我对数学史很有兴趣，参加法国巴黎数学史家塔东（Taton）的研讨会，听的是西方数学史的东西，而作为华裔子孙，却对中国古代祖先在数学上曾有辉煌贡献茫然无知，因此设法找李俨、钱宝琮、李约瑟、钱伟长写的有关中国古代数学家贡献的文章和书籍来看。

我想许多人特别是海外的华侨也像我一样,对于自己祖先曾有傲人的文化十分无知,因此是否可以把自己所知的东西,用通俗的文字、较有趣的形式,介绍给一般人,希望他们能知道一些较新的知识。

由于数学一般说来非常的抽象和艰深,一般人是不容易了解,因此如果要做这方面的普及工作,会吃力不讨好。希望有人能把数学写得像童话一样好看,让所有的孩子都喜欢数学。

这些文章从1970年一直写到1980年,被汇集成《数学和数学家的故事》八册。其中离不开翟暖晖、陈松龄、李国强诸先生的鼓励和支持,真是不胜感激。首四册的出版年份分别为1978年、1979年、1980年、1984年,之后相隔了一段颇长的日子,1995年第五册印行,而第六及第七册都是在1996年出版,而第八册则成书于1999年。30多年来,作品陪伴不少香港青少年的成长。

广角镜出版社的《数学和数学家的故事》

这书在香港、台湾及内地得到许多人的喜爱。新华出版社在1995年把第一册到第七册汇集成四册，发行简体字版。

新华出版社的《数学和数学家的故事》

20世纪70年代缅甸的一位数学老师看我介绍费马大定理，写了一封长信谈论他对该问题的初等解法，很可惜他不知道这问题是不能用初等数学的工具来解决的。

80年代，我在新加坡参加数学教育会议遇到来自中国黑龙江的一位教授，发现他拥有我的书，而远至内蒙古偏远的草原，数学老师的小图书馆也有我写的书。

90年代，有一次到香港演讲，进入海关时，一个官员问我来香港做什么，我说："我给香港大学作一个演讲，也与出版社讨论出书计划。"他问我写什么书，我说："像《数学和数学家的故事》，让一般人了解数学。"他竟然说，他在中学时看过我写的书，然后不检查我的行李就让我通过。

一位在香港看过我的书的中学生，20多年后仍与我保持联络，有一次写信告诉我，他的太太带儿子去图书馆看书，看到我书里提这位读者的一些发现，很骄傲地对儿子讲，这书提到的人就是你的父亲，以及他的数学发现。这位读者希望我能够继续写下去，让他的孩子也可以在阅读我的书后喜欢数学。

前两年，我去马来西亚的马来亚大学演讲，一位念博士的年轻人拿了一本我的书，请我在泛黄的书上签名。他说他在念中学的时候买到这书,我没有想到,这书还有马来西亚的读者。

距今已 700 多年的英国哲学家罗杰·培根(Roger Bacon, 1214—1294)说:“数学是进入科学大门的钥匙,忽略数学,对所有的知识会造成伤害。因为一个对数学无知的人,对于这世界上的科学是不会明白的。”

黄武雄在《老师,我们去哪里》中说:“我相信数学教育的最终改进,须将数学当作人类文化的重要分支来看待,数学教育的实施,也因而在使学生深入这支文化的内涵。这是我基本的理论,也是促使我多年来从事数学教育的原始动力。”

本来我是计划写到 40 集,但后来由于生病,而且因为在美国教书的工作繁重,我没法子分心在科研教学之外写作,因此停笔近 20 年没有写这方面的文章。

华罗庚先生来美访问时,曾对我说:“在生活安定之后,学有所成,应该发挥你的特长,多写一些科普的文章,让更多中国人认识数学的重要性,早一点结束科盲的状况。虽然这是吃力不讨好的工作,比写科研论文还难,你还是考虑可以做的事。”

我是答应他的请求,特别是看到他写给我义父的诗:

三十年前归祖国,而今又来访美人,
十年浩劫待恢复,为学借鉴别燕京。
愿化飞絮被天下,岂甘垂貂温吾身,
一息尚存仍需学,寸知片识献人民。

我觉得愧疚,不能实现他的期望。

陈省身老前辈也关怀我的科普工作,曾提供许多早期他本身的历史及他交往的数学家的资料。后来他离开美国回天津定居,并建立了南开数学研究所。他曾写信给我,希望我在一个夏天能到那里安心地继续写《数学和数学家的故事》,可惜我由于健康原因不能成行。不久他就去世，我真后悔没在他仍在世时，能多接近他。

2007 年我在佛罗里达州的波卡·拉顿市(Boca Raton)参加国际图论、组合、计算会议，普林斯顿大学的康威教授听我的演讲，并与姚如雄教授一起共进晚餐，他告诉我们他刚得中风，以为一直觉得自己是 25 岁，现在医生劝告少工作，他担心自己时间不多，可还有许多书没有来得及写。

我在 2012 年年中时两个星期内得了两次小中风，我现在可以体会康威的焦急心理，我想如果照医生的话，在一年之后会中风的机会超过 40%，那么我能工作的时间不多，因此我更应抓紧时间工作。

看到 2010 年《中国青年报》9 月 29 日的报道：到 2010 年全国公民具备基本科学素质(Scientific literacy)的比例是 3.27%，这是中国第八次公民科学素质调查的结果，调查对象是 18 岁到 69 岁的成年公民。

这数字意味着什么呢？每 100 个中国人，仅有 3 个具有基本科学素质，每 1 000 个中国人，仅有 32 个具备基本科学素质，每 10 000 个中国人是有 320 个，每 100 000 个人仅有 3 200 个。你可估计中国人有多少懂科学？

在 1992 年中国才开始搞公民科学素质调查，当年的结果令人难过，具有基本科学素质的比例是 0.9%，而日本在 1991 年却有 3.27%。经过十年努力，到 2003 年，中国提升到 1.98%，2007 年提升到 2.25%，2010 年达到 3.27%。

我希望更多人能了解数学，了解数学家，知道数学家在科学上扮演的重要角色。我希望能普及这方面的知识，以后能提高我们整个民族的数学水平。在写完第八集《数学和数学家的故事》时，我说："希望我有时间和余力能完成第九集到第四十集的计划。"

由于教学过于繁重，身体受损，为了保命，把喜欢做的事耽搁了下来,等到无后顾之忧的时候,眼睛却处于半瞎状态,书写困难,因此把华先生的期许搁了下来,后来两只眼睛动了手术,恢复视觉,就想继续写我想写的东西。

这时候,记忆力却衰退,许多中文字都忘了,而且十多年没有写作,提笔如千斤,“下笔无神”,时常写得不甚满意,而我又是一个完美主义者,常常写到一半,就抛弃重新写,因此写作的工作进展缓慢。由于我把我的藏书大部分都捐献出去,有时候要查数据时却查不到,这时候才觉得没有好记忆力真是事倍功半,等过几天去图书馆查数据,往往忘记了要查些什么东西。

而且糟糕的是眼睛从白内障变成青光眼,白内障手术根治之后,却由于眼压高而成青光眼,医生嘱咐看书写字的时间不能太长,免得加速眼盲速度,这也影响了写作的速度。

我现在是抱着“尽力而为”的心态,也不再求完美,尽力写能写的东西,希望做到华罗庚所说的“寸知片识献人民”,把旧文修改补充新资料,再加新篇章。

感谢陈松龄兄数十年关心《数学和数学家的故事》的写作和出版。我衷心感谢上海科学技术出版社包惠芳女士邀请我把《数学和数学家的故事》写下去,如果没有她辛勤地催促和编辑工作,这一系列书不可能再出现在读者眼前。感谢许多好友在写作过程中给予无私的协助:郭世荣、郭宗武、梁崇惠、邵慰慈、邱守榕、陈泽华、温一慧、高鸿滨、黄武雄、洪万生、刘宜春和谢勇男几位教授以及钱永红先生等帮我打字校对及提供宝贵数据,也谢谢张可盈女士的细心检查,尽量减少错别字,提高了全书的质量。

希望这些文章能引起年轻人或下一代对数学的兴趣和喜爱,我这里公开我的邮箱:lixueshu18@sina.com,或lixueshu18@163.com,欢迎读者反馈他们的意见及提供一些值得参考的资料,让我们为陈省身的遗愿“把中国建设成一个数学大国”做些点滴的贡献。

目录

1 20世纪的伟大几何学家陈省身

——情系中国的美籍华裔数学家

科学的目的，在寻觅宇宙间已经进行的法则，描摹自然界一切现象，将结果归纳到极简单极完全能证明的名词。

——陈省身

数学是什么？数学是根据某些假设，用逻辑的推理得到结论。因为是用这么简单的方法，所以数学是一门坚固的科学，它所得到的结论是很有效的。

——陈省身

我喜欢做具体的事情，具体说就是喜欢给刚入学的大学生上基础课。

——陈省身

我离不开数学，我是很幸福的人，因为我现在还能做数学。

——陈省身

我想说明：外国人能够做到的，中国人也一样能够做到，甚至做得更好。

——陈省身

荣誉等身的大师

陈省身

陈省身(Chern Shiing-Shen，1911—2004)是在国际数学界普遍受到尊敬的美籍华裔数学家，被誉为20世纪最伟大的几何学家。1988年美国数学会成立一百周年，美国微分几何学家奥瑟曼(B. Osserman)在《几何学在美国的复兴：1938—1988》一文中指出："使几何学在美国复兴的极有决定性的因素，我想应该是40年代后期陈省身从中国来到美国。"

2001年12月18日在中国台北开幕的第二届世界华人数学家大会，向陈省身颁发终身成就奖，以表彰他对华人数学界的伟大贡献。他还以91岁高龄担任了2002年国际数学家大会的名誉主席，为这次大会的召开做了大量细致的工作，他个人捐款20万元，是数目最大的一笔捐款。

他曾任美国数学会副会长，当选英国皇家学会外籍会员、法国科学院外籍院士、巴西科学院通讯院士、意大利国家科学院外籍院士、第三世界科学院创始院士、美国科学院院士、纽约科学院终身名誉院士，并任美国哈佛大学、日本东北大学、瑞士联邦工业大学、北京大学、清华大学、浙江大学、香港中文大学等著名高等学府的名誉教授。1994年当选为中国科学院首批外籍院士之一。天津科技馆"科技名人园"在2001年为陈省身竖立了半身铜像。

他作为有杰出贡献的数学家，得到的奖励与荣誉很多。1984

年 5 月获国际数学界最高荣誉的沃尔夫(Wolf)数学奖,获奖证书上写着:“此奖授予陈省身,他对整体微分几何的深远贡献影响了整个数学。”

2003 年俄罗斯著名学府喀山大学因其对 20 世纪数学发展的突出贡献颁发给他罗巴切夫斯基奖章。罗巴切夫斯基是俄国伟大学者、非欧几何的重要创始人,生前曾任喀山大学校长。2004 年 9 月,陈省身获邵逸夫数学奖 100 万美元。

陈省身的童年和少年

陈省身原籍江南水乡浙江嘉兴秀水下塘街。父亲陈宝桢,甲辰(1904)年中秀才,辛亥革命后,毕业于浙江法政专门学校,在司法界做事。陈省身是长子,父亲取名为“省身”,希望他能像曾子一样“吾日三省吾身”。陈省身是家中的长孙,深受祖母疼爱,不放心他出去读小学,因此尚未出嫁的姑姑就在家里教他国文。陈省身说:“我父亲游宦在外。记得有一次他回家过年,教了我阿拉伯字母及四则算法。家里有一部《笔算数学》,上中下三册,他走后我自己做里边的题目。题目很多,我想除了一些最难的,我大多会做。我以为这种题目别的小孩一定也都会的,根本没有告诉别人。”

9 岁时陈省身考入浙江秀州中学附属小学五年级。1920—1922 年就读秀州中学,显现数学天赋。1922 年,父亲去天津任职,全家随往。陈省身于翌年进天津扶轮中学。他不仅喜爱数学,而且也经常阅读历史、文学等方面的书籍,还十分喜欢写作,曾在校刊上发表过诗作以及其他方面的许多文章。陈省身 15 岁时在扶轮中学校刊上发表了两首小诗,分别题为《纸鸢》和《雪》。《纸鸢》表示他追求独立自由,不做受人摆布的纸鸢:

纸鸢啊纸鸢!
我羡你高举空中。
可是你为什么东吹西荡的不自在?
莫非是上受微风的吹动,
下受麻线的牵扯,
所以不能平青云而直上,
向平阳而直下。
但是可怜的你!
为什么这样的不自在呢?
原来你没有自动的能力,
才落得这样的苦恼。

《雪》体现了作者不随俗的精神与对高洁的彻底追求:

雪啊!
你遮着大地,
何等洁白,
何等美丽,
何以为人们足迹所染污?
负了造物者的一片苦心。
我为你惜!
我替你恨!

1926年在校刊发表的《一几何定理之十六种证法》中,他说:"几何学在数学中占了极重要的位置;非但有志研究科学的人,应当注意于它,就是普通的中学学生,也应该拿它作应有的常识。"此文表现出他对几何训练在开发智力中的作用的较深理解,也显露出他与众不同的逻辑推理能力。

考入南开大学理科

1926 年，陈省身考入天津南开大学理科。起初他觉得物理似较切实际，所以入学时倾向于物理系，和学物理的吴大猷非常亲密。陈省身比吴大猷晚一年考入南开园，比大猷小 4 岁，但他们不仅同住在一个宿舍楼里，还同时选修了饶毓泰先生的理论力学课程，同在一个班。那时，他们两人经常在一起，谈学习，谈理想。

陈省身说："我从事于几何大都亏了我的大学老师姜立夫博士。"南开大学数学系是姜立夫(1890—1978)创办的，姜立夫是哈佛大学的数学博士，做的是几何方向的博士论文，他的导师是几何学家、数学史家库利奇(J. L. Coolidge，1873—1954)。"姜先生在人格上、道德上是近代的一个圣人。他态度严正，循循善诱，使人感觉读数学有无限的兴趣和前途。南开数学系在他主持下图书渐丰，我也渐渐自己能找书看。"

1930 年陈省身(左)与老师

在姜立夫先生的影响下，陈省身对几何学产生了浓厚的兴趣。早在1932年他21岁的时候，就已经感觉到射影微分几何不够深刻，认识到“大范围微分几何”，即研究微分流形上的几何性质才是正确方向。特别是听了布拉施克（Wilhelm Blaschke）的系列报告“微分几何的拓扑问题”之后，他的信心更增强了。陈省身因成绩突出考上清华大学研究院，1934年毕业。

留学德国去汉堡大学

陈省身回忆道：“一九三四年夏我毕业于清华研究院，得到两年公费的机会。清华公费普通是留美，但我得到准许，留德去汉堡大学。汉堡大学是一战后才成立的，但数学系已很有名。那年希特勒获得政权，驱逐犹太教授，德国的老大学如哥丁根、柏林等都闹学潮。汉堡数学系幸而局面比较安静而工作活跃，不失为数学家理想的去处。”

布拉施克

陈省身在欧洲留学时就发现：“德国的情形是……它的中心不集中，哥丁根固然是一个数学中心，莱比锡、慕尼黑也是个中心，海德堡有很好的教授。所以全国也许有二三个地方的教授都是一流的，而且他们互相调来调去，海德堡的教授有出缺的话，就想法子到柏林、莱比锡去请那边最杰出的人继承这个位置，它是非常流动的组织。正是这种自由流动性使得德国的科学在19世纪末年，甚至20世纪初在全世界取得很高的地位。”

汉堡大学数学教授除布拉施克外，尚有阿廷(E. Artin)、赫克(E. Hecke)二人，其中尤以阿廷最为突出。他是近代抽象代数开创者之一，但他的兴趣及于整个数学。他的演讲与论文都是组织严密、曲折不穷。难懂的理论，经他整理，都变得自然。他20多岁即任正教授，为人随和，看起来像学生。

陈省身回忆道：“我九月到，学校十一月才开学，十月初布先生(即布拉施克)度假归来，给我他所新写的几篇论文。我不到开学，就找出他一篇论文里一个漏洞。他很高兴，叫我想法补正，我也居然做到了，结果写成在汉堡的第一篇论文。德国大学制度，博士学位的主要条件是论文，指导的教授差不多可以完全决定学位的授予。我总算初见就给布先生一个好的印象。”

1936年陈省身获德国汉堡大学博士学位。2001年10月8日汉堡大学的代表黄文玲博士将象征该校荣誉的布拉施克奖章授予自己杰出的校友陈省身，而布拉施克奖章正是以陈省身当时的师友布拉施克教授的名字命名的。由于与柏林工业大学的长期关系，柏林工业大学也授予陈省身荣誉博士。

1936年，陈省身放弃了留在汉堡大学研究代数数论的好机会，转往法国巴黎大学跟埃利·嘉当(Elie Cartan，1869—1951)研究微分几何。陈省身说：“一九三六年夏我的公务期满，就接到清华与北大的聘约。我却决定去巴黎随卡当(即嘉当)先生工作一年。那年得到中华文化基金会的补助。这于我在数学研究发展上确是有决定性的一年。卡当先生不但是一个伟大的数学家，他为人和蔼随便，也是最好的教员。

汉堡大学的代表黄文玲博士向陈省身授奖

他是巴黎大学的几何学教授,学生众多,在他办公时间,候见的要排队。幸亏过了两个月,他允许我到家里去看他。我每两星期去他家里一次,回来的第二天往往接到他的长信。继续表示前一天所讨论的问题的意见。在巴黎十个月,工作异常紧张,所得益处,不限于那时的文章所能表现者。"

埃利·嘉当

陈省身讲课的情形

回归祖国受聘于清华大学

1937年陈省身受聘于清华大学,26岁即任教授。1938年1月,因日本侵略军逼近长沙,陈省身随校搬到昆明,清华合并于西南联大。1938—1943年他任西南联合大学的教授。联大教授中多为一代宗师和文坛泰斗。1943年,陈省身赴美国普林斯顿高等研究所。

1946年第二次世界大战结束后,陈省身重返中国,在上海建立了中央研究院数学研究所(后迁南京),此后两三年中,他培养了一批青年拓扑学家。

陈省身说:“战后于一九四六年春返国,奉命组织中央研究院的数学研究所。数学所名义上由姜立夫先生任所长。但姜先生只在南京几个月。从四六年到四八年,一切计划,都是由我主持的。我的政策是‘训练新人’。我收罗大批新毕业的大学生,每周上十二小时的课,引他们入近代数学之堂奥。所中研究员有胡世桢、王宪钟、李华宗等先生,助理员甚多,后来有特殊成就的,有吴文俊、杨忠道、陈国才、廖山涛、张素诚等。”

定居美国

1943 年,受美国人维布伦(O. Veblen, 1880—1960)之邀,陈省身成为美国普林斯顿高等研究所研究员。20 世纪 40 年代,微分几何很不受重视,美国没有这一课程,甚至有一位数学家当面对他说:“微分几何死亡了。”两年中,陈省身给出了高斯-博内公式的一个新的内蕴证明,进而于 1945 年发现了“陈示性类”(Chern characteristic class,简称“陈类”),将数学带入一个新纪元。

20 世纪的半个世纪以来,这一工作对整个数学乃至理论物理的发展都产生了广泛而又深刻的影响。韦伊(Andre Weil)评论说:“示性类的概念被陈的工作整个地改观了。”陈类现在不仅在数学中几乎随处可见,而且与杨-米尔斯场及其他物理问题有密切关系,是最基本、最有应用前景的示性类,它大范围地发展了微分几何学的纤维丛、拓扑学和李群论等科学理论。陈省身的数学成就遍及射影微分几何、欧几里得微分几何、几何结构和它们的内在联络、积分几何、示性类、全纯映射、偏微分方程等众多领域。

1949 年陈省身被聘为当时的世界数学研究中心芝加哥大学的教授。后任加州大学伯克利分校教授。在芝加哥大学,他培养了10名博士。来到伯克利后,他又培养出31名博士,数量之多,载誉美国。

为中国数学的发展定居南开

南开大学是陈省身起步学习现代数学的地方。在卫津河畔校园东南隅,有一幢淡黄色的二层建筑"宁园",是南开大学在20世纪80年代中期专门为他建造的。1972年9月,陈省身携夫人郑士宁、女儿陈璞回到离别24年的故园。他带来美国科学院、美国社会科学研究协会、美国医学会的信,希望和中国学术界建立联系,促成科学家之间的交流。他还在中国科学院数学研究所做了"纤维空间和示性类"的演讲。

"一个人一生中的时间是个常数,能集中精力做好一件事已属不易。1943年,我在美国初识爱因斯坦,他当时是高等研究院的教授,常能见到他,他还约我到他家做客。他书架上的书并不太多,但有一本书很吸引我,是老子的《道德经》,德文译本。西方有思想的科学家,大多喜欢老庄哲学,崇尚道法自然。他说他一般是不见外人包括记者的,因为他觉得时间总是不够用,他需要宁静。我给这小楼取名时,就想到了这层意思。"他是向往宁静以致远。

"我十岁离开老家浙江嘉兴,到天津南开读书,天津当是我的第二故乡,后来侨居美国五十多年。现在回来了,这里自然是我的第二个家。""我最美好的年华在南开度过,她给我留下许多美好的回忆。"因此,陈省身最终选择在南开大学的宁园定居。"我已经老了,数学本是年轻人的事业,像我这个年龄还在前沿做数学的,在世界上是没有的。我的想法很简单,就是想在有生之年再为中国做一些事情。"

在南开大学宁园的小楼里，陈省身先生的居室洒满和煦的阳光。进宁园的大门，迎面便是四个金光闪闪的大字：几何之家。门厅左侧起居室的墙壁上，一幅巨大的陈省身的油画，倚墙而立的书橱里，还有案头上，摆满了中外科技、文史书籍。客厅墙上有一块巨大的教学黑板，陈省身带的讨论班就在这个客厅上课。

他每天早晨6点钟起床，晚上10点钟睡觉，其余的时间是教学、科研、看书、写作。他说："我爱看书，什么书都看，当然主要是数学书，但文学、历史各方面的书我都看，很杂；中文的、外文的，一看上书就什么也顾不上了。"陈省身强调，搞数学研究，快活很重要。他本人爱读闲书，是一个自得其乐的快活之人，当钻研数学卡住的时候，就放下数学读闲书，几天后，啃不动的难题往往会豁然开解。

"我的身体还好，只是腿站不起来了，学校为我派了两个看护，24小时服务。"行动由陪护人员推着轮椅。开朗豁达的他说："老人要随心所欲，我爱吃，什么都吃，也讲究吃，我不提倡单吃素食、绝对淡食，老虎吃肉才会有劲儿嘛！"陈省身还喜欢饮酒，白酒、葡萄酒他都喜欢喝，他说这对身体都有好处，"无非要注意点度就是了"。

近年来，中国许多高校的教授不再教基础课了。原因一是许多名教授倾向于只为本专业开设高年级本科生和研究生的专业课，轻视讲授本科一二年级的基础课；二是在待遇上没有体现对教授讲授基础课的鼓励。

爱看书的陈省身

已经91岁高龄的耄耋老人陈省身为南开大学和天津

大学的本科生开微积分课程。

南开大学认识到培养、遴选、引进优秀年轻人才是建设高水平大学的迫切需要,也是学校建设、实现跨越式发展的重要途径。2001 年设立"伯乐奖"基金,表彰在此项工作中做出突出贡献的人员的卓越业绩和高尚风格,给予获奖者一次性奖金 10 万元。首届伯乐奖就颁发给陈省身和物理科学学院凝聚态物理学家张光寅教授。

建立南开大学数学研究所

34 岁时,陈省身即被世界数学界公认为现代微分几何的奠基人。1981 年他在伯克利的以研究纯粹数学为主的数学科学研究所任第一任所长。1984 年陈省身退休,但仍研究不辍,在伯克利大学举办各种讨论班,并多次来华讲学,创立"微分几何与微分方程"讨论会,指导各种学术活动,积极推动了中国数学研究的开展。他又先后受聘为北京大学、南开大学的名誉教授。

陈省身对我国台湾地区的数学人才培养也有贡献。1964 年他向有台湾"科技教父"之称呼的李国鼎建议成立台湾地区的数学研究中心,当 1965 年 7 月数学研究中心成立时,台湾得到数学博士学位的只有五六人,到 80 年代已有 200 多人。

在当时的社会背景下,聘任一位外籍专家担任有职有权的南开大学数学研究所所长,这在国内根本没有先例。1981 年,借在美国参加国际会议的机会,南开大学副校长胡国定专程到伯克利分校拜访陈省身,邀请他回南开大学工作,建立数学研究所。

1985 年陈省身创办南开数学研究所,并任所长。为推动天津的数学科学跻身世界领先地位做出了不懈的努力。同年南开大学授予他名誉博士学位。南开数学所已培养出陈永川、龙以明、张伟平等数学才俊。杨振宁、吴文俊、丘成桐等中外著名科学家都曾造访这里。

为了南开数学所的发展，陈省身大到办所宗旨，小到图书资料的充实，事必躬亲。他说："我把最后一番心血献给祖国，我的最后事业也在祖国。我要为祖国数学的发展鞠躬尽瘁，死而后已。"他将自己的全部藏书一万余册捐赠给数学所，又把 1985 年获得的世界最高数学奖沃尔夫奖的 5 万美元奖金全部捐赠给南开。他说："办所的目的，就是要让研究数学的人看到，到这里来和到国外去是一样的。现在数学所已经基本形成了这样的气候。"

2001 年 4 月，由陈省身提议组建的"南开大学天津大学刘徽应用数学中心"成立；5 月，两校成立了本科教学合作办学协作组，本科生实现互修学分，教学资源共享；12 月，两校建立了中国高校首个联合研究院，这个联合研究院将使两校实现优势互补、资源共享，并将与天津理工学院、天津师范大学等几所高校联合进行高水平的科学研究。

2004 年，目前世界规模最大的现代化数学研究中心——南开大学数学研究中心建成并投入使用。在建设过程中，年逾九旬的陈省身先生亲自参与了该中心设计方案的讨论和论证，并提出了诸多建议和设想。

建成后的南开大学数学研究中心由中心主楼和学者公寓楼两

陈省身在南开数学研究所

部分构成。中心主楼设计为八层,内设学术报告厅、专家研究室、大型计算机房、电子图书馆、多功能厅等,并为每一位专家学者配备了独立的研究室。

曾被视为“左倾学者”

1972 年 9 月,在尼克松访华半年后,陈省身到中国大陆,停留了一个月,除了旧地重游就是探亲访友。1973 年 2 月 8 日晚,他利用去新奥尔良杜兰大学数学系讲学的机会做了一场介绍新中国的演讲,听讲的有 70 多位教授及学生。演讲会上放映了他在中国大陆拍摄的 150 张幻灯片,然后听众发问由他解答。所有一切问答都以英文记录,然后在该大学校刊上发表,引发轰动。

有听众问他:“我很想知道会不会有传闻中的严重压迫?”

陈省身毫不犹豫地说:“没有,在你所说的情形下,他们会用很温和的方式对待你,他们会与你讨论,设法说服你,你必须考虑中国的过去,一个农人遇到荒年可能要卖掉自己的儿女,而这种事情是绝不会再发生了。至于自由的问题,由中国的历史来看,我想中国人现在拥有的自由比过去任何时候都多。中国人从没有西方民主制度的经验,当然他们也不需要西方社会的自由。”

尤其是 20 世纪 70 年代,陈省身与杨振宁等更是公开发表谈话,主张联合国应恢复中华人民共和国在联合国的一切合法权利。

当时陈省身在演讲中提到中国大陆虽赞不绝口,但对台湾也无菲薄之言,并说台湾是一个富裕的宝岛。

1977 年“美中关系全国委员会”与“全美华人协会”成立后,这两个组织所有支持中华人民共和国与美国建交的宣传文稿、广告启事,都以杨振宁、何炳梁、陈省身的名义发出,甚至在敦促卡特政府立即与台湾当局断“交”、与中华人民共和国建交的信函中也有他们的签名。这些活动传到台湾,台湾当局对陈省身更不谅解。在蒋介石去世前,已把陈省身作为“左倾亲共”的学者列为“不受欢迎的人物”,台北“中研院”邀陈省身到台三次开会,陈省身都受到“不得发表政治言论”的口头警告。

中国的数学该怎么发展

陈省身曾对我表示对政治不感兴趣。他曾多次发表演讲:

“我渴望着中国尽快地成为数学大国,这就是我对新世纪的企盼。数学是很奇怪的,现在提倡科教兴国,注重科学,其实,科学有了数学才能简单化。科学要论证,做起实验来很麻烦,既要资金又要设备,但变成数学就简单了,用几种算草,列几个公式就能解决问题。要了解物质的原理,就需要数学,这就是我强调中国要在21世纪争取成为数学大国的道理。数学的发展促进了科学的简单化。

我希望中国数学在某些方面能够生根,搞得特别好,具有自己的特色。这在历史上也有先例。例如第二次世界大战以前波兰就搞逻辑、点集拓扑。他们根据一些简单公设推出许多结论,成就不小。另外如芬兰,在复变函数论上取得成功,一直到现在,例如在拟共形映照上的推广一直在世界上领先。因为他们做的工作,别的国家不做,他们就拥有该领域内世界上最强的人物,我还可以举出更多的例子。

如何使中国数学在21世纪占有若干方面的优势,办法说来很简单,就是要培养人才,找有能力的人来做数学,找到优秀的年轻人在数学上获得发展。具体一些讲,就是要在国内创办够世界水平的第一流的数学研究院。中国这么大,不仅北京要有,别的地方也应该办。

中国科学的根子必须在中国。中国科学技术在本土上生根，然后才能长上去。可是要请有能力的人来做数学很不容易。

我从1984年开始组建南开数学所。开始想请有能力的人来工作就是了。可是由于种种原因，很难做到这一点。我们办第一流的研究所就是要有第一流的数学家。有了第一流的数学家，房子破一点，设备差一点，书也找不到，研究所仍是第一流。不然的话，房子造得很漂亮，书很多，也有很贵的计算机，如果没有人来做第一流的工作，又有什么用处？我看到这种情形，就改变想法，努力训练自己的年轻人，培养自己的数学家，送他们出国学习，到世界各地，请最好的数学家给予指导。

发展数学势必要办够水平的研究院，怎样才会够水平呢？

第一，应当开一些基本的先进课程。学生来了，要给他们基本训练，就要为他们开高水平的课。所谓的基本训练有两方面。一是培养推理能力，一个学生应该知道什么是正确的推理，什么是不正确的推理。你必须保证每步都正确。不能急于得结果就马马虎虎，最后一定出毛病。二是要知道一些数学，对整个数学有个判断。从前是与分析有关的学科较重要，20世纪以来是代数，后来是拓扑学等。总之，好的研究中心应该能开这些基本课程。

第二，我想必须要有好的学生。我们每年派去参加国际奥林匹克数学竞赛的中学生都很不错。虽然中学里数学念得好将来不一定都研究数学，不过希望有一部分人搞数学，而且能有成就。我和在北京的一些数学竞赛获奖学生见面，谈了话。我对他们说，搞数学的人将来会有大前途，十年、二十年之后，世界上一定会缺乏数学人才。现在的年轻人不愿念数学，势必造成人才短缺。学生不想念数学也难怪。因为数学很难，又没有把握。苦读多年之后，往往离成为数学家还很远。同时，又有许多因素在争夺数学家，例如计算机。做一个好的计算机软件，需要很高的才能，很不容易。不过它与数学相比，需要的准备知识很少。搞数学的人不知要念多少书，好像一直念不完。这样，有能力的人就转到计算机领域去了。也有一些数学博士，毕业后到股票市场做生意。例如预测股票市场的变化，写个计算机程序，以供决策。这样做，虽然还是别人的雇员，并非自己当老板，但这比大学教授的薪水高得多了。因此，数学人才的流失，是世界性的问题。

相比之下，中国的情况反而较为乐观，因为中国的人才多，流失一些还可以再培养。流失的人如真能赚钱，发财之后会回来帮助盖数学楼。总之，我们应取一个态度：中国变成一个输送数学家的工厂，希望出去的人能回来，如果不回来，建议我们仍然继续送。中国有的是人才，送出去一部分在世界上发挥影响也是值得的。

我们要做的事是花不多的钱，打好基础，开出好的课。基础搞得好了，至于出去的人回来不回来可以变得次要些。这是我的初步想法。比方说，参加国际奥林匹克数学竞赛的人，数学都是很好的，如果他们进大学数学系，我建议立刻给奖学金。这点钱恐怕很有限，但效果很大，对别人也是一种鼓励。中国的孩子比较听家长、老师的话。孩子有数学才能，经过家长、老师一劝，他就念数学了。

对好的数学系学生来说，到国外去只是时间问题。你只要在国内把数学做好，出国很容易。国内做得很好的话，到了国外不必做研究生，可以直接当教授。中国已有条件产生第一流的数学家，大家要有信心。

培养学生我主张流动。19 世纪的德国数学当然是世界第一。德国的大学生可以到任何大学去注册。这学期在柏林听魏尔斯特拉斯的课，下学期到格丁根听施瓦兹的课，随便流动。教授也可以流动。例如柏林大学已有普朗克、爱因斯坦，一个理论物理学家在柏林大学自然没有发展的希望，就不妨到别的学校去创业。

我希望中国的学生、教授都能流动。教授可以到别的学校去教课，教上半年。各个数学研究院的教授也能互相交换。”

陈省身为本科生上课

陈省身在庆祝自然科学基金制设立十五周年和国家自然科学基金委员会成立十周年上作了演讲:

“数学研究的最高标准是创造性:要达到前人未到的境界,要找着最深刻的关键。从另一点看,数学的范围是无垠的。我愿借此机会介绍一下科学出版社从俄文翻译的《数学百科全书》,全书五大卷,每卷约千页。中国能出版这样的巨著,即使翻译,也是一项可喜的成就。这是一部十分完备的百科全书,值得赞扬的。对着如此的学问大海,入门必须引导,便需要权威性的学校和研究所。数学是活的,不断有杰出的贡献,令人赞赏佩服。但一个国家,可以集中某些方面,不必完全赶时髦。当年芬兰的复变函数论,波兰的纯粹数学,都是专精一门而有成就的例子。中国应该发展实力较强的方面,但由百科全书的例子,可看出中国的数学是全面的。这是一个可喜的现象。

中国的财富在‘人民’。中国的数学政策,除了鼓励尖端的研究以外,应该用来提高一般的数学水平。我有两个建议:① 设立数学讲座,待遇从优,其资格可能是对数学发展有重大贡献的人;② 设立新的数学中心,似乎成都、西安、广州都是可能的地点。中心应有相当的经费,部分可由地方负担,或私人筹措。近年因为国家开放,年轻人都想经商赚钱,当然国家社会需要这样的人。但是做科学的乐趣是一般人不能理解的。在科学上做了基本的贡献,有历史的意义。我想对于许多人,这是一项了不得的成就。在岗位上专心学问,提携后进,得天下之英才而教育之,应该是十分愉快的事情。

数学是个个人的学问,经费的问题不太严重,比其他的学科容易发展。目前,中国数学拥有十分有利的环境,或许短时间内在数学研究的总体水平上难以实现全面超越,但肯定会在一些重要领域取得突破。”

2004年中央电视台采访了他。他表示对中国数学发展现状的焦虑。

陈省身回答记者问题(于小平摄)

主持人:中国是一个数学大国。我们的老祖宗是从零创造了十,包括以前的几何学和方程组都是我们的祖先创造的。可是现在呢,我们不能忽略一个现实就是中国在世界的数学水平还是相对比较落后的。

陈省身:我想落后的是,不要说数学了,你就整个的科学中国也落后了。物理也落后。现在大家都热衷于研究生物学,生物学中国差得也很远。

主持人:中国落后的根本原因是什么?您觉得是教育体制,还是我们的教育方式,还是别的什么?因为我们也不缺人才,像您,华罗庚、陈景润这样的世界级的大数学家都是中国人,但是为什么中国的整体数学水平会比较落后呢?

陈省身:就是中国人对于自然界的了解不太有兴趣,比方说有些外国人如果到了天津,他可以说研究天津小虫子有什么……中国人很实际,如果你要跟他讲,说我这个深圳、纽约的股票怎么样,大家有兴趣。因为你投资了之后,立刻就会变成钱,当然很有意思。你比方说天津有什么小虫,可以很值得研究,把它完全研究一下,或者小的植物,比方像我们南开大学,也有相当大的校园。校园里头有什么样的花是好看的,为什么?是什么东西?中国人都没有兴趣,所以引起孩子、引起学生对数学或者科学的兴趣是非常重要的。

2002年国际数学大会前夕,陈省身为中国青少年题词:“数学好玩”(薛晓哲摄)

提携后进为本科生亲自讲授

陈省身已经有将近20年的时间没有为伯克利本科生讲课了。2001年,南开大学成立了“刘徽应用数学中心”,陈省身教授担任所长。有一次,陈先生听到所里的老师议论:目前数学学科中老教师逐渐退休,而年轻教师一方面衔接不上,另一方面普遍存在对于这门学科中最基础的东西讲不透的问题,因而许多本科生反映“数学太难学了”。于是陈先生提出由他本人亲自来给本科生上课,并且要求听课的学生学科门类广些,同时也让一些年轻教师听课。

听课的学生不仅来自南开大学,还有天津大学、天津师范大学、天津商学院等天津18所高校的本科生。因为要求听课的学生太多,数学学院的老师们不得不临时决定发票,但即使这样也挡不住许多学生挤在门口,站着旁听。

为200多名本科生讲授10个课时的数学课,大家不禁被老先生对数学事业的献身精神以及对青年一代的关爱所感动。第一节课,来自天津18所高校的学子便将教室挤得水泄不通。一位经过选拔才获得听课资格的学生激动地说，陈先生的课教给他认识问题的方法和指导性的启示，让他感受到数学神奇的魅力。

陈教授在加州大学伯克利分校教书时有一位学生名叫乌米尼，他大学毕业时，因考试成绩不佳，申请加入数学研究所被拒。为了取得他朝思暮想的研究生资格，就请陈教授帮帮忙。陈教授仔细考察了他的学业，觉得他成绩虽然一般，但是有一定潜力，可以试试，极力鼓励这位学生再申请一次，还为他写了推荐信，终让他如愿以偿。

乌米尼读了研究生后，情况有了很大的改变，接着又攻读博士，并在1976年取得博士学位后进了一家计算机公司工作。乌米尼的业余爱好是买彩票，在1995年1月他中了2 200万美元的大奖。为了感谢陈教授当初推荐之恩，中奖的第二天，便打电话给伯克利数学系，表示要捐出100万美元设立"陈省身讲座"，而1996年3月大学决定，用这百万美元的利息每年请数学大师来校讲课。至今已有多位科学家获得邀请，他们分别是当代世界级的数学家阿蒂亚、斯坦利、希策布鲁赫、塞尔、曼宁和阿廷。这些数学家利用讲座的资助在伯克利讲学，发表自己在数学研究上的进展，受到世界各国数学家的关注。

谈到数学人才的培养，陈先生有独特的见解，他认为要"少做事"。陈先生说，我原则上主张还是少做事，要看准了再做才能有效果，你不看准不仅难有效果，甚至于会有伤害。就像家长照顾孩子一样，也许不去管他孩子倒会发展得很好。陈省身对后生的品德修养要求十分严格，他经常对南开学子讲，要时刻注意自己的品德修养，要把做人放在第一位。

21世纪的数学将走向何方

有记者问他："21世纪的数学将走向何方？"

他说："这是很难预测的。真正重要的突破总是以无法预料的方式改变了我们的世界。这也正是数学的魅力所在。"是啊，谁能想到400多年前的关于琴弦振动的一个数学方程，会导致今天电视机的诞生？"数学思想最终转化到能应用于我们的生活，是需要时间的，过于功利的研究往往不会产生好的效果。不是给了经费支持，数学研究就一定会成功，要允许失败，而且多半是失败的。从总体上讲，只要有足够的财力支持，就可以吸引人才，在一定时间内，肯定会出成果的。

我还想讲个故事：有些人可能会想，数学家们一天到晚没有事情可做，无中生有，搞这些多面体有什么意思？我认为，现在化学里的钛化合物就跟正多面体有关系。这就是说，经过2 000年之后，正多面体居然会在化学里有用，有些数学家正在研究正多面体和分子结构间的关系。我们现在知道，生物学上的病毒也具有正多面体的形状。这表明，当年数学家的一种'空想'，经历了这么长的时间之后，竟然是很'实用'的。"

谈到国内的科普现状，陈省身认为，中国的科普在世界上是做得最好的。有组织，有资金，有计划，特别是政府对于科普事业的发展给予了极大的支持，这在世界上也是少有的。他说，我国现在数学的普及工作也受到高度重视，我国青少年在国际奥林匹克竞赛中常常拿金牌、银牌。那些竞赛题常常令这位著名数学家也感到棘手。他认为，我国的青少年数学培养有时过于注重技术性的训练，在国际奥赛中取得好成绩当然是好事，但还应该启发学生进行探索。

他说："学东西最主要靠自己的努力，要有自动的能力。有些人念完书把课本一丢，最好从此不再碰它，那当然学不到什么东西。把它学好，不能学一遍。过去中国人都讲'书读百遍'嘛。把前前后后的问题都连起来，可以看出知识之间的关系。

我认为治学主要依靠个人。要能够自动，知道自己干什么，不断提高自己的能力。数学人才不是靠培养的,要靠自己。一定要上边有人告诉你干什么,怎样干,那你就干不好。一个人要做好工作,除了本学科以外,还要了解一些别的东西,不能老师让你做什么你才做,一定要自己知道做什么、怎么做,要创新。

搞数学的人要继续了解,要研究。研究不是这个样子的:有一个题目,你做这个题目,我给你多少钱,最好的研究是做不出来的,根本不知道题目在哪里,不知道答案在哪里,也不知道哪一天会解决。研究应该维持一个比较自由的氛围,大家自由发展。数学是一个不定的阶段,一直在发展就是了。

现在,我们中国的学生参加奥林匹克数学竞赛,成绩也非常突出。我希望这些学生中会有人肯念数学,这是很有前途的,也很有意思。年轻人中,我们能够达到国际水平的也相当多。丘成桐教授得过国际数学家大会的菲尔兹奖,萧荫堂、莫毅明、田刚、项武义、李伟光等脱颖而出者,不可胜数。我希望中国能够成为数学大国。

不久前曾有人问我:您和您的学生丘成桐分别获得了沃尔夫奖和菲尔兹奖,中国本土的数学家很多,却从未获得这两项大奖,中国本土什么时候也能培养出这样获大奖的数学家?

我认为,头一个是工作的人要多,中国人的数学能力是不容怀疑的,中国的数学发展必须普遍化。第二个是要有风气。例如,不要把数学家看成'怪人'。中国没有出牛顿、高斯这样伟大的数学家是社会的、经济的现象。中国的大数学家,如刘徽、祖冲之、李冶等都生逢乱世。要提倡数学,必须给数学家适当的社会地位和待遇。

选择科目与方向是很难决定的,中间有很多是靠机会。我的建议是,要有广博的知识,不要只念自己本身科目的东西,不管有无相关,都能尽量吸收,了解的范围愈广,做正确决定的可能性就愈增加。

中国的中小学数学教育不低于欧美,愿中国的青年和未来的数学家放大眼光,展开壮志,把中国建为数学大国!”

陈省身接受记者采访

下面是台湾地区记者和陈省身的对话。

问:大陆和台湾学生的数学表现和国际比较如何?

答:中国有很多人才,给机会,让这些人才继续做数学研究,就会有成绩。中国以往在这方面的纪录很好,大陆中学生参加国际奥林匹亚竞赛,多少年来都是第一;台湾学生参加国际数学竞赛的成绩也不错。

问:有人认为台湾地区以往的教育太专制、少创意,无法培育优秀人才,近年来积极推动教改,你认为如何?

答:我是很保守的人,不要动最好;成绩如果不错,继续下去就好。

问:南开大学数学中心建造完成后,大陆未来的数学发展和科学发展是否更乐观?大陆方面对数学教育的支持如何?

答:国际一向视数学是“基底”,为了更重视数学,我向江泽民写信,大陆因此批了一笔钱,专门给南开大学发展数学。不过,支持了,结果是不是能长出好东西来,还不知道,就像种花,天天浇水也不一定开出花来,持续浇水,也许就开出很漂亮的花。

问:许多人认为现在的孩子吃不了苦,对基础研究的发展似乎不利？

答：请问你小时候吃过苦吗？我 90 岁了，我小时候也没吃过什么苦。现在的年轻孩子将来会如何发展，我们不知道。我的看法是，对年轻人的发展，我们少主张一些比较好。

幸福的家庭生活

陈省身不顾高龄，几乎每年在太平洋两岸往来奔波，每年都要回国看一看，每次都要住上一段时间。以前每年他和夫人郑士宁回中国，都住在宁园。他在诗中说：

一生事业在畴人，
庚会髫龄训育真。
万里远游亏奉养，
幸常返国笑言亲。

1938 年经杨武之夫妇促成，他与清华数学系教授郑桐荪的女儿、当时读生物系的郑士宁订婚，1939 年陈省身和郑士宁结婚。贤良的郑士宁照料他的起居饮食，帮助他整理资料文件，创造了一个温馨、舒适的家庭环境，使他得以全心投入研究工作。在郑士宁 60 岁生日时，陈省身特地赋诗一首：

三十六年共欢愁，无情光阴逼人来。
摩天蹈海岂素志，养儿育女赖汝才。
幸有文章慰晚景，愧遗井臼倍劳辛。
小山白首人生福，不觉壶中日月长。

他还曾深情地写道:"近五十年来,无论是战争年代抑或和平时期,无论顺境抑或逆境中,我们相濡以沫,过着朴素而充实的生活。我在数学研究中取得之成就,实乃我俩共同努力之结晶。"

他说:"早上醒来,我想的第一件事就是数学,我的生活就是数学。终生不倦的追求就是数学,数十年如一日,从没有懈怠过,现在依然如此。"陈省身夫人也形容他"无时无处不在思索数学问题,也因此不知他何时何处在思索数学问题"。

2000 年 1 月 12 日,与他相濡以沫 60 年的郑士宁因心脏病发作去世。1 月 26 日,陈省身接受了天津市公安局授予他在华永久居留的资格,从此他离开美国那建在山坡上从窗口往外可看到蔚蓝色的旧金山湾和著名的金门大桥的房子,成为把家安在天津的一位天津市民,宁园便成为他永久的居所。

中央电视台主持人曾问他:"现在很多人都关心您生活过得好吗,因为我们知道,您老伴前两年去世了,您在天津生活得愉快吗?"

他回答:"我生活还愉快,老伴去世当然很伤心了。因为我老伴人很好,她去世之前,我们庆祝了结婚 60 年。60 年是钻石婚了!请了些朋友,我们 60 年没有吵过架。她管家,我不管,我就做我的数学,所以我们家里生活很简单。"

他的大儿子陈伯龙(Paul L. Chern)住在波士顿,他说:"我们全家人都想尽可能多地陪伴父亲。我在波士顿超过 35 年,在美国东海岸,他在西海岸,总是离得很远。我大约平均每年见到父亲一两次。父亲为人豁达,他主张顺其自然,认为该发生的一切都会发生。他从不害怕去世,因为死亡在他看来只是生活的一部分。父亲不严厉,最大的优点是他总比别人看得更深、更高、更远。当他做几何的时候,它正在走下坡路,而父亲把它发展起来了。他是一位伟大的几何学家,总在推出和培养年轻人才,拥有一双发现人才的慧眼。父亲对我影响很深,他给我选择职业的自由,并帮我打下了数学基础。他还为我指明了发展方向,帮我找到适合自己的路。

我后来并没有像他一样成为数学家，而是成为一名商人，做人寿保险顾问，用我的数学背景和素养去经商。”与父亲的数学之路截然不同，陈伯龙虽然也学过数学，却以经商为生。他早年毕业于加州大学戴维斯分校，后来成为一名保险业精算师。

女儿出生后，陈省身也不忘其心仪的拓扑学，取“扑”字的同音，为女儿取名陈璞。陈璞几个月大时随家移民来美国，她不会读中文，但因为母亲是北京人，而讲得一口“京片子”。陈璞小时候是个神童，十几岁时就从加州大学伯克利分校物理系毕业，然后到圣迭戈分校读研究生，与在那里读物理系研究生二年级的朱经武相识而相爱，一年后朱经武毕业时两人结婚，那时她才 19 岁。当陈璞告诉父亲与朱经武的关系时，数学家陈省身对宝贝女儿恋爱的事，免不了要多多打听。他知道朱经武的导师与物理学家杨振宁很熟悉，就通过杨振宁去问朱经武的导师：“听说你们那里有个 Paul Chu（朱经武的英文名），他人到底怎么样呀？”朱经武的导师答：“Paul is bright, May is brighter.”（“朱经武很聪明，陈璞更聪明。”May 是陈璞的英文名。）

后来陈省身请杨振宁当朱经武的博士论文导师。这之后杨振宁还当了朱经武与陈璞的媒人。担任过香港科技大学校长的朱经武教授说：“我的岳父对我的工作影响很大，我觉得最大的一点是他是一个淡泊明志的人，生活过得很简单。他觉得金钱不重要，而对学问是真的热衷在里面。他常常对我说，做学问不应该钻热门，觉得应该把死的学问做活了。死的学问做活了，这是最有意义的事情。”

朱经武曾问岳父：“您成功的秘诀是什么？”陈省身告诉他：模仿不能通向成功之路。一个人应该自始至终严于律己，了解自己的能力与弱点，不骄傲自满，应以自己的兴趣与天性开拓自己，而不单为追求时髦做一些容易的事。因此一个人一旦发现了一件既新奇又有趣的事，就应当敢于接受并抓住不放——这些教诲让朱经武终身受益。

一位淡泊名利的人

数学未被列入诺贝尔奖。陈省身说:“这是一片安静的天地,也是一个平等的世界。整个说来,诺贝尔奖不来,我觉得是数学的幸事。

数学家主要看重的应该是数学上的工作,对社会上的评价不要太关心。嘉当是个很正统、很守规矩的人,我跟他去做工作那年是1936年,那年他67岁,除了在巴黎大学做教授,还在很小的学校教书。他这个人对于名利一点都不关心。普通人对他的工作、对他不是很了解,只有当时最有名的数学家欣赏他。所以,他的名望是在去世之后才得到的,人们因为他的工作才记得他的名字。在20世纪的数学家里,嘉当是对21世纪的数学影响最大的一位。”

陈省身是1948年时的首届中研院院士,后又任美国国家科学院院士,同时是法国科学院、意大利国家科学院、英国皇家学会、中国科学院外籍院士。陈省身曾多次说过:“名利要看得淡一点,人们只记得几个菩萨,是记不得罗汉的!”告诫大家,不要“虚名高涨,数学退步”。在美国,出了名的人一样可以过清闲日子,而在中国,名人往往有很多应酬,精神消耗很大。陈省身告诫媒体,少去打扰年轻的数学家,让他们有更多的时间从事研究。

根据获得诺贝尔经济学奖的纳什的传记拍摄的电影《美丽心灵》在中国掀起科学热,纳什是陈省身的朋友。“纳什是我的好朋友,而他的太在意竞争,过于争强好胜,使他的身心吃了不少苦头。”陈省身则希望减少竞争,对他人成就持欣赏态度。在他看来,数学做得好,或者是乒乓球打得好,都要看得淡一点。人要充满爱心、宽容之心,不但自己要做得好,也要为别人的成功而高兴,这就是孔子所说的“仁义”之心。他说,从字形上的“二人”就能看出,古人十分重视人际关系,他希望通过这一理念为高度竞争的现代科学注入人性的因素，使数学这门学科更加健康有趣。

2004 年 9 月，陈省身所获邵逸夫数学奖达 100 万美元。按照美国的法律交纳个人所得税，这是一笔不小的数目。可是陈省身不要这笔钱，他要全部捐献给他工作过的地方，捐献给美国和英国的数学研究所、南开大学数学研究中心和清华大学。个人无所得，所得税就可以免交了。他自香港领奖回天津后，将百万奖金全部捐献，用于鼓励数学新人。有媒体记者在现场问他为何如此？他回复："微分几何，名利几何？"

陈省身的重要数学工作

陈省身结合微分几何与拓扑方法，先后完成了两项划时代的重要工作：其一为黎曼流形的高斯-博内一般公式，另一为埃尔米特流形的示性类论。1946 年美国的斯廷路德(N. Steenrod)、陈省身、法国的埃雷茨曼(C. Ehresmann)共同提出纤维丛的理论。纤维丛扩展了向量丛的概念，向量丛的主要实例就是流形的切丛。它们在微分拓扑和微分几何领域有着重要的作用。它们也是规范场论的基本概念。

陈省身其他重要的数学工作有：

紧浸入与紧逼浸入，由陈省身和莱雪夫开始，历 30 余年，其成就已汇成专著。

复变函数值分布的复几何化，其中一著名结果是陈-博特定理。

积分几何的运动公式，其超曲面的情形系同严志达合作。

复流形上实超曲面的陈-莫泽理论，这是多复变函数论的一项基本工作。

极小曲面和调和映射的工作。

陈-西蒙斯微分式，这是研究量子力学反常现象的基本工具。

物理学家杨振宁这样评价陈省身的工作："数学和物理是相通的。陈省身先生在20世纪40年代提出了纤维丛理论。后来，这理论正是我与米尔斯在20世纪50年代提出的规范场理论的数学基础，当时我感到非常震惊，而且大惑不解，觉得数学家竟然可以凭空想出这些概念。后来陈先生对我说，数学有时候你觉得它很抽象，但实际上后来是有用处的。爱因斯坦曾利用几何来解释基本的物理现象。你做的'规范场论'杨-米尔斯理论，用的数学就是我的数学，因为你要表现物理现象，太简单的数学不够，这就要用比较复杂一点的几何。"杨振宁将陈省身与欧几里得、高斯、黎曼、嘉当并列。作诗《赞陈氏级》，赞誉大师对几何学的贡献：

天衣岂无缝，匠心剪接成，
浑然归一体，广邃妙绝伦。
造化爱几何，四力纤维能，
千古寸心事，欧高黎嘉陈。

2002年9月22日是国际聋人节，陈省身先生捐资两万元，在天津理工学院聋人工学院设立"陈省身奖学金"，以奖励品学兼优的聋人大学生。

国际数学家联盟（IMU）前主席路德维希·法捷耶夫（Ludwig Faddeev）说："你们种下了树，并且让它成长，在不久的将来便可以得到果实。我还可以断言，在10到15年之后，中国在数学上的地位将比欧洲任何一个国家都重要。中国的数学家正在酝酿着从'量变'到'质变'的强大力量。"

"千兵易得，良将难求"，这是亘古不变的真理。愿中国的青少年学习陈省身对数学事业的献身精神，希望中国在21世纪成为世界数学大国，陈省身猜想早日实现。

大师逝世风范长存

2004 年 12 月 3 日 19 时 14 分，陈省身在天津医科大学总医院逝世。逝世的噩耗传来后，南开大学陷入悲痛之中。南开学子自发聚集到新开湖边，点起烛光，悼念他们这位伟大的校友，场面极为感人。

追思会上，丁石孙、吴文俊、丘成桐、郑绍远、胡国定、葛墨林、姜伯驹、杨乐、张恭庆等海内外知名的数学家，纷纷表达了对陈省身先生的哀思。

陈省身先生和夫人郑士宁的骨灰，一半安放在南开园，一半由儿子、女儿带到美国安葬。

2010 年 8 月 19 日于印度海得拉巴市举行的国际数学家大会(ICM)首映片名为“山长水远：陈省身的一生”的纪录片，并颁发菲尔兹奖、内万林纳奖、高斯奖和陈省身奖这四大奖项，分别纪念 4 位伟大的数学家。其中“陈省身奖”是国际数学联盟第一个以华人命名的数学大奖，以纪念陈省身在微分几何上的卓越贡献，这次是首次颁发。获奖者将获得一枚奖章以及 50 万美元奖金。陈省身家族已为该奖项捐资 100 万美元，而他的学生与合作者、美国金融投资家詹姆斯·西蒙斯(James Simons)亦捐出了 200 万美元。

陈省身奖章

以下是陈省身的一些著作，读者想系统了解他的经历与工作梗概，请看《陈省身文集》。

1.《微分几何的若干论题》，

美国普林斯顿高等研究院1951年油印本。

2.《微分流形》,美国芝加哥大学1953年油印本。

3.《复流形》,美国芝加哥大学1956年版;巴西雷西腓大学1959年版;俄译本1961年版。

4.《整体几何和分析的研究》(编辑),美国数学协会1967年版。

5.《不具位势原理的复流形》,凡·诺斯特兰德出版公司1968年版;斯普林格出版社第二版。

6.《黎曼流形中的极小子流形》,美国堪萨斯大学1968年油印本。

7.《微分几何讲义》(合著),北京大学出版社1983年版。

8.《陈省身论文选集》(1—4卷),斯普林格出版社1978年、1989年版。

9.《整体微分几何的研究》(编辑),美国数学协会1988年版。

10.《陈省身文选——传记、通俗演讲及其他》,科学出版社1989年版。

11.《陈省身文集》,张奠宙、王善平编,上海华东师范大学出版社,2002年6月版。汇集了陈省身的随笔、演讲及诗文等文字,收录内容比以往任何一本文选都详尽、准确。全书分"学算回首"、"师友之忆"、"综论数坛"、"数学评介"、"诗文拾遗"、"历史回声"六个部分,另附有陈省身年谱以及已发表的论文、著作目录和几十幅珍贵的图片。

12.《九十初度说数学》(陈省身),上海科技教育出版社,2001年版。虽然也包含了一些理论性质的东西,但主体是关于陈省身自己数学生涯的记述和若干学术工作心得,一个完全不懂数学的人读来也会有所收获。此书于2001年12月19日获第二届Newton—科学世界杯科普图书奖一等奖。

陈省身先生还有两部传记:南开大学出版社2004年8月版、

两本陈省身的传记

张奠宙、王善平合写的《陈省身传》和江苏人民出版社 2009 年版、付婷婷写的《陈省身传：微分几何大师》。

2 以长补短,以多助少

——谈中国古代的盈不足术

我们的祖先长期与大自然争斗求生存,为了治水平土,为了春耕冬收,很早就会“通古今之变”,对大自然的认识相当深刻,这里要介绍一项我们的祖先在数学上的重要工作——盈不足术。

盈不足术

《九章算术》是中国古代第一部数学专著,是算经十书中最重要的一种。该书内容十分丰富,系统总结了战国、秦、汉时期的数学成就。它的出现标志着中国古代数学形成了完整的体系。全书采用问题

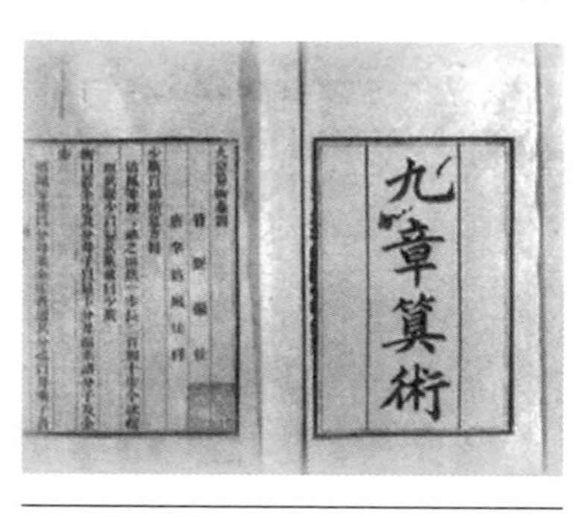

《九章算术》

集的形式，收有246个与生产、生活实践有联系的应用问题，其中每道题有问(题目)、答(答案)、术(解题的步骤，但没有证明)，有的是一题一术，有的是多题一术或一题多术。

在《九章算术》第七章“盈不足”中讨论这样的问题：有一些物品分摊给一些人，如果我们不知道物品及人的数目，我们做两次试分：每人少分摊一些，比方说每人 x_1 个，结果物品多余 y_1 个；如果每人多分摊一些，比方说 x_2 个，结果物品尚缺 y_2 个。这章主要论述这种盈亏问题的解法。盈，就是有余；亏，就是不足的意思。

我们是否能由这两次试分所得的数据 x_1，y_1，x_2，y_2 来推算物数和人数?

我们先看《九章算术·盈不足》第一题：“今有(人)共买物，人出八(x_1)，盈三(y_1)；人出七(x_2)，不足四(y_2)。问人数、物价各几何？答曰：七人，物价五十三。”

原书解释计算的方法：“置所出率，盈不足各居其下。令维乘所出率，并以为实。并盈不足为法。实如法而一。有分者通之。盈不足相与同其买物者，置所出率，以少减多，余，以约法实。实为物价，法为人数。”这段双假设方法说明实际上包含着三个公式。若以 x_0 表示每人应出的钱数(即“所出率”)，p 表示人数，q 表示物价，则有公式：

$$x_0=\frac{x_1y_2+x_2y_1}{y_1+y_2} \tag{1}$$

$$q=\frac{x_1y_2+x_2y_1}{x_1-x_2} \tag{2}$$

$$p=\frac{y_2+y_1}{x_1-x_2} \tag{3}$$

以前人们用线性方程组的解法导出以上的公式。根据题意我们有

$$q = x_1 p - y_1 \tag{4}$$

$$q = x_2 p + y_2 \tag{5}$$

以 $y_2 \times (4)$，以 $y_1 \times (5)$，相加得

$$(y_1 + y_2)q = (x_1 y_2 + x_2 y_1)p$$

因此

$$\frac{q}{p} = x_0 = \frac{x_1 y_2 + x_2 y_1}{y_1 + y_2} \tag{6}$$

又(4)－(5)，得

$$0 = (x_1 - x_2)p - (y_1 + y_2)$$

因此

$$(x_1 - x_2)p = (y_1 + y_2)$$

所以

$$p = \frac{y_2 + y_1}{x_1 - x_2} \tag{7}$$

(6)×(7)，我们得

$$q = \frac{x_1 y_2 + x_2 y_1}{x_1 - x_2}$$

中算史家李继闵先生(1938—1993)在生前根据刘徽的注，认为古人是以比率的方法找到以上的公式。

刘徽的注是这样："盈者，谓朓(多余的意思)；不足者，谓之朒(不足的意思)。所出率谓之假令。盈朒维乘两设者，欲为齐同之意。据'共买物，人出八，盈三；人出七，不足四'，齐其假令，同其盈朒！盈朒俱十二。通计齐则不盈不朒之正数！故可并以为实。并盈不足为法。齐之三十二者，是四假令，有盈十二。齐之二十一

者,是三假令,亦朒十二。并七假令合为一实,故并三、四为法。"

这个注的文字太过简略,后人要了解不容易。李继闵先生认为,如果 2 000 年前的人要考虑这样的问题:"每人出钱 x_1,买物 1,盈钱 y_1;每人出钱 x_2,买物 1,不足钱 y_2",他们一定是用算筹在板上排成下面的算式:

$$\begin{matrix}\text{人出钱}\\ \text{买物}\\ \text{盈朒}\end{matrix}\begin{bmatrix} x_2 & x_1 \\ 1 & 1 \\ y_2(\text{朒}) & y_1(\text{盈}) \end{bmatrix}$$

这些筹算式中的每行构成一组"率",因此可以乘上对应的数变成下面的算式:

$$\begin{matrix}\text{人出钱}\\ \text{买物}\\ \text{盈朒}\end{matrix}\begin{bmatrix} x_2y_1 & x_1y_2 \\ y_1 & y_2 \\ y_2y_1(\text{朒}) & y_1y_2(\text{盈}) \end{bmatrix}$$

即"每人出钱 x_1y_2,买物 y_2,盈钱 y_1y_2;每人出钱 x_2y_1,买物 y_1,不足钱 y_2y_1"。如果把这两行对应相加(即"通计"),这时盈朒的数相同而抵消。我们得:"人出钱 $x_2y_1+x_1y_2$,买物 y_1+y_2,不盈不朒。"

$$\begin{matrix}\text{人出钱}\\ \text{买物}\\ \text{盈朒}\end{matrix}\begin{bmatrix} x_1y_2+x_2y_1 \\ y_1+y_2 \\ (\text{不盈不朒}) \end{bmatrix}$$

因此
$$\frac{q}{p}=\frac{x_1y_2+x_2y_1}{y_1+y_2}$$

也就是

$$\begin{matrix}\text{人出钱}\\ \\ \text{买物}\\ \text{盈朒}\end{matrix}\begin{bmatrix} \dfrac{x_1y_2+x_2y_1}{y_1+y_2} \\ 1 \\ (\text{不盈不朒}) \end{bmatrix}$$

上面方式的计算过程可以用下面的算式表示：

$$\begin{bmatrix} x_2 & x_1 \\ y_2 & y_1 \end{bmatrix} \xrightarrow[\text{交叉相乘}]{\text{维乘}} \begin{bmatrix} x_2 y_1 & x_1 y_2 \\ y_2 & y_1 \end{bmatrix} \text{相并} \begin{bmatrix} x_1 y_2 + x_2 y_1 \\ y_1 + y_2 \end{bmatrix}$$

实如法而一 $\dfrac{x_1 y_2 + x_2 y_1}{y_1 + y_2}$

《九章算术·盈不足》第5～8题讨论了“两盈”、“两不足”、“盈适足”、“不足适足”四种问题：

[第5题]“今有共买金，人出四百，盈三千四百；人出三百，盈一百。问人数、金价各几何?”答数：33人，金价9 800。

[第6题]“今有共买羊，人出五，不足四十五；人出七，不足三。问人数、羊价各几何?”答数：21人，羊价150。

[第7题]“今有共买豕，人出一百，盈一百；人出九十，适足。问人数、豕价各几何?”答数：10人，豕价900。

[第8题]“今有共买犬，人出五，不足九十；人出五十，适足。问人数、犬价各几何?”答数：2人，犬价100。

对这四种问题，前两种问题对应于将公式(1)、(2)、(3)变为

$$x_0 = \frac{x_2 y_1 - x_1 y_2}{y_1 - y_2},\ q = \frac{x_2 y_1 - x_1 y_2}{x_2 - x_1},\ p = \frac{y_1 - y_2}{x_2 - x_1}$$

后两种问题对应于将公式(1)、(2)、(3)变为

$$x_0 = x_2,\ q = \frac{x_2 y_1}{x_2 - x_1},\ p = \frac{y_1}{x_2 - x_1}$$

这里 x_1，x_2，y_1，y_2都是正数。由于当时的人还没有引进负数，在减法中规定“以少减多”，避免出现负数，并且分作四种情况，区别对待。

如果引进正负数及零表示盈朒及适足，则以上的盈朒问题可以由以下的统一公式给出：

$$x_0=\frac{|x_1y_2-x_2y_1|}{|y_1-y_2|},\ q=\frac{|x_1y_2-x_2y_1|}{|x_1-x_2|},\ p=\frac{|y_1-y_2|}{|x_1-x_2|}$$

“万能”的方法

现在让我们借想象的翅膀飞到 1 100 多年前，假设我们乘“时光机器”飞到那位于富庶肥沃的关中平原，《诗经》上所说“泾以渭浊”的泾水、渭水流域上的古城长安。

长安是唐朝都城，在公元 855 年左右拥有 100 万人口。杜甫写诗这样描绘当时的情形：“渔阳豪侠地，击鼓吹笙竽。云帆转辽海，粳稻来东吴。越罗与楚练，照耀舆台驱。”

我们走到长安的西市，见到有各种各样的外国商贾，西域、印度来的僧人以及由日本来的留学生。这里一片繁华欢腾，就像李白《少年行》所写的：“五陵少年金市东，银鞍白马渡春风。落花踏尽游何处，笑入胡姬酒肆中。”

我们现在来到城东，经过富丽堂皇的佛寺，看到了一座被描绘为“塔势如涌出，孤高耸天宫”的大雁塔，这塔藏有玄奘法师（唐三藏）从印度带回来的经像、舍利。我们走到大雁塔附近一位大官杨损的府衙。

今天杨损是在考虑和选拔行政官吏。有两个办事官员，工作的时间一样长，而且职位相同，现在只能提升一个。他看呈上的对他们工作的评语都是一样的好，怎样提拔呢？

“对了！他们都曾在国子监学过《九章算术》。做一个办事官员，最大的优点之一是要算得快。现在就让这两个候补官员都听我出题，哪一个先得出正确答案，我就提升他。”

于是杨损在大厅上对两位办事官员说：“有一个人在林中散步，无意间听到几个贼在商量怎样分偷来的布匹。他们说若每人分6匹,就会剩5匹。若每人分7匹,就会差8匹。试问这里共有几个盗贼?布匹总数又是多少?"

两位官员在大厅的一个小几上用竹筹计算,过了不久,有一位官员得出了正确答案,他被提升,大家对这个决定也表示心服。你能不能用前面的方法算出呢?

这个故事记载在《唐阙史》卷二中。

《九章算术·盈不足》共有20题,除了8个是"盈亏题"外,后面的9题至20题不属于"盈亏题",这些在古代都是算术难题,但是它们都可以用盈不足术来解决。

我们现在来举一些例子说明:

[第9题]"今有米在十斗桶中,不知其数。满中添粟而舂之,得米七斗。问故米几何?答曰:二斗五升。"

解法:"以盈不足术求之。假令故米二斗,不足二升。令之三斗,有余二升。"

我们现在用双假设方法来考虑:

假令故米	添粟化粝	得米相课(盈朒)
20升	(100−20)×3/5=48	(20+48)−70=−2(朒)
30升	(100−30)×3/5=42	(30+42)−70=2(盈)

用盈不足术计算:

$$\begin{bmatrix} 30 & 20 \\ 2(\text{盈}) & 2(\text{朒}) \end{bmatrix} \xrightarrow{\text{盈不足术}} \text{故米} = \frac{30\times2+20\times2}{2+2}\text{升} = 25\text{升}$$

即得桶内原有米二斗五升。

[第13题]"今有醇(浓)酒一斗值钱五十;行(淡)酒一斗值钱一十。今将钱三十,得酒二斗。问醇、行酒各得几何?"答数:醇酒2.5升,行酒17.5升。

《九章算术》是这样解的:"假令醇酒五升,行酒一斗五升,有余一十。令之醇酒二升,行酒一斗八升,不足二。"

刘徽注："以盈不足术求之。"

这里 $x_1=5$，$y_1=10$，$x_2=2$，$y_2=2$。

所求醇酒升数是：

$$x_0=\frac{x_1y_2+x_2y_1}{y_1+y_2}=\frac{5\times2+2\times10}{10+2}=2.5$$

于是容易算出行酒升数是 20－2.5＝17.5。

[第 14 题]"今有大器五，小器一，容三斛；大器一，小器五，容二斛。问大、小器各容几何？答曰：大器二十四分斛之十三，小器容二十四分斛之七。"

这题的意思是：有大小两种盛米的桶，已知 5 个大桶和 1 个小桶可以盛米 3 斛。1 个大桶和 5 个小桶可以盛米 2 斛。问一个大桶和一个小桶各可以盛米多少？

用双假设法来考虑：

假令大器容	小器容	大器一，小器五所容	课于两斛
50	300－50×5＝50	50＋50×5＝300	300－200＝100
55	300－55×5＝25	55＋25×5＝180	180－200＝－20

按盈不足术

$$\begin{matrix}\text{假令}\\\text{盈朒}\end{matrix}\begin{bmatrix}55 & 50\\20(\text{朒}) & 100(\text{盈})\end{bmatrix}\xrightarrow{\text{盈不足术}}\begin{matrix}\text{大器}\\\text{容量}\end{matrix}=\frac{55\times100+50\times20}{20+100}=\frac{325}{6}\text{升}$$

$$\text{所以大器容量}=\frac{325}{600}(\text{斛})=\frac{13}{24}(\text{斛})$$

$$\text{小器容量}=3-\frac{13}{24}\times5=\frac{7}{24}(\text{斛})$$

[第 15 题]"今有漆三得油四，油四和漆五。今有漆三斗，欲令分以易油，还自和余漆。问出漆、得油和漆各几何？"

把题译成白话：已知三份漆可以换得四份油，四份油可以调和五份漆（均按体积算）。现有 30 升漆，如果用一部分去换油，换来的油又去调和余下来的漆。若刚好把漆用完，问用去换油的漆有多少？换得了多少油？这些油又调和了多少漆？

《九章算术》中用了一种别开生面的解法："术曰：假令出漆九升，不足六升。令之出漆一斗两升，有余二升。"

此术文可以这样解释：先假定两个近似答案，按题意求出盈与不足之数，再用盈不足术来求真值。具体说，假设取出 9 升漆，去换得 12 升油，12 升油可调和 15 升漆。9 升和 15 升相加仅有 24 升漆，比原来有的 30 升，不足 6 升。又假设取出 12 升漆，去换得 16 升油，则可调和 20 升漆。12 升加 20 升得 32 升，比 30 升多出了 2 升。这就变成了盈不足问题。

编写"盈不足"章的数学家把盈不足术看成是一种"万能"的算法，以为一切算术问题不管它属于哪一个类型，都可以用盈不足术来解决。

盈不足术的理论根据

盈不足术和求方程的根有关系。

我们如果给一个方程 $f(x)=0$，解这个方程就得到 x 所代表的数值。

可是古代的人不知道列这个方程。但是对于任意的一个 x 值，$f(x)$的对应值是会核算的。

这样通过两次假设，算出 $f(x_1)=y_1$，$f(x_2)=-y_2$

于是用盈不足术得到：

$$x_0=\frac{y_1x_2+y_2x_1}{y_1+y_2}=\frac{x_2f(x_1)-x_1f(x_2)}{f(x_1)-f(x_2)}$$

$f(x)$如果是一次函数，这个方法是正确的，可是如果 $f(x)$不是一次函数，我们只是得到近似值。

根据德国数学史家康托尔（M. Cantor）研究，1 世纪时亚历山大城的希腊数学家海伦（Heron）求平方根的近似法就是这样的。

例如，要求 A 的平方根 x，先假设 $x=x_1$，求得 $x_1^2-A=b_1$ 是盈数。又假设 $x=x_2$，求得 $x_2^2-A=b_2$ 是不足数。

因此知 $x=\dfrac{b_2x_1+b_1x_2}{b_1+b_2}$ 是比较接近于平方根准确值的数。

这里 $f(x)=x^2-A$。

我们现在考虑更一般的方程 $f(x)$。假设 $f(x)$ 是一个在区间 $[x_1, x_2]$ 上单调连续的函数。已知 $f(x_1)=y_1$ 和 $f(x_2)=-y_2$，正负相反，那么，方程 $f(x)=0$ 在 $[x_1, x_2]$ 之间有一个根 x。当区间 $[x_1, x_2]$ 很短时，曲线 $y=f(x)$ 的弧 AB 可以近似地用弦 AB 来取代。

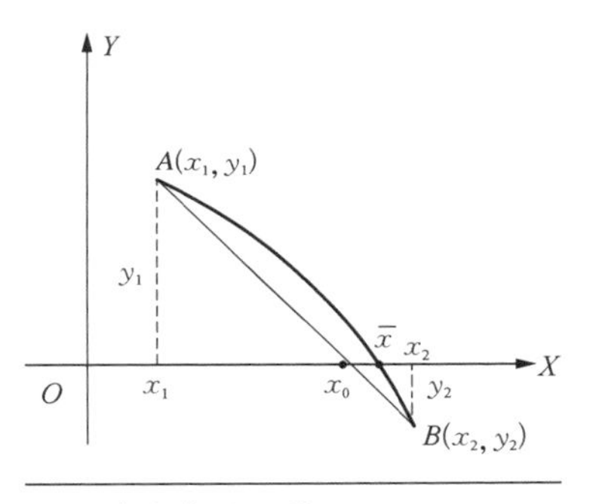

用假借法求近似值

于是弦 AB 与 OX 的轴的交点的横坐标

$$x_0=\frac{x_2f(x_1)-x_1f(x_2)}{f(x_1)-f(x_2)}$$

这公式表示$\bar{x}$的近似值 x_0。以上的方法在数学上称为“假借法”或“弦位法”。

秦九韶对盈不足术的发展

盈不足术，刘徽称它为“朓朒术”。“朓”、“朒”这两个字都是出自月球的运动，第一个字意指残月的最后一次出现，第二个字则指新月的首次出现。

《孙子算经》下卷讨论了类似的问题，如：

[第29题]“今有百鹿入城，家取一鹿不尽；又三家共一鹿适尽。问城中家几何？”答数是75家。

[第31题]“今有雉兔同笼，上有三十五头，下九十四足。问雉兔各几何？”答数是雉23只，兔12只。

术文：“上置三十五头，下置九十四足。半其足得四十七。以少减多，再命之，上三除下四，上五除下七。下有一除上三，下有二除上五，即得。”

在成书于约公元484年的《张邱建算经》里面，也有关于用盈不足术解的算术问题，例如它的上卷第一章24题：

“今有绢一匹买紫草三十斤，染绢二丈五尺。今有绢七匹，欲减买紫草，还自染余绢。问减绢、买紫草各几何？”答数是减绢4匹$12\frac{4}{13}$尺，买草129斤$3\frac{9}{13}$两。

南宋杨辉在1261年写的《详解九章算法》将《九章算术》246个问题中的80个进行详解，对盈不足术还添上别种算法。

明代的数学家程大位在1592年写的《算法统宗》是一部当时较好的启蒙数学书，全书有595个问题，其中有“测井问题”：用绳子量井深，把绳子三折来量，井外余绳四尺；把绳四折来量，井外余绳一尺。求井深和绳长各是多少。这道题就是用盈不足术解的。

南宋秦九韶写的《数书九章》卷十六第六题“计造军衣”是盈、两盈、一朒一足三个问题并列构成的：

“问库有布、棉、絮三色，计料欲制军衣。其布：六人八匹少一百六十匹；七人九匹剩五百六十匹。其棉：八人一百五十两，剩一万六千五百两；九人一百七十两，剩一万四千四百两。其絮：四人一十三斤，少六千八百四十斤；五人一十四斤，适足。欲知军士及布、棉、絮各几何?”

秦九韶给出下列五步计算：

① 置人数于左右之中，置所给物名于其上，置盈数各于其下。

$$\begin{array}{l} \text{布} \\ \text{人} \\ \text{盈} \end{array}\begin{bmatrix} 9 & 8 \\ 7 & 6 \\ 560 & 160 \end{bmatrix}$$

② 令维乘之。先以人数互乘其所给率，相减余为法，次以人数相乘为寄。

$$\begin{array}{l} \text{法} \\ \text{未减} \\ \text{寄} \\ \text{盈朒} \end{array}\begin{bmatrix} \multicolumn{2}{c}{2} \\ 54 & 56 \\ \multicolumn{2}{c}{42} \\ 560 & 160 \end{bmatrix}$$

③ 后以盈互乘其上未减者。

$$\begin{array}{l} \text{法} \\ \text{上} \\ \text{寄} \\ \text{盈朒} \end{array}\begin{bmatrix} \multicolumn{2}{c}{2} \\ 8\,640 & 31\,360 \\ \multicolumn{2}{c}{42} \\ 560 & 160 \end{bmatrix}$$

④ 以上下皆并之，其上并之为物实，其下并之乘寄为兵实。

$$\begin{array}{l} \text{法} \\ \text{物实} \\ \text{兵实} \end{array}\begin{bmatrix} 2 \\ 40\,000 \\ 30\,240 \end{bmatrix}$$

⑤ 二实皆如法而一。

$$\begin{array}{l} \text{布} \\ \text{兵} \end{array}\begin{bmatrix} 20\,000 \\ 15\,120 \end{bmatrix}$$

秦九韶考虑的问题一般形式是：“a_1人出x_1盈y_1，a_2人出x_2不足y_2，问人、物各几何。”如果定人数为p，物数为q，则相当于求解方程组：

$$\frac{x_1}{a_1}p = q + y_1$$

$$\frac{x_2}{a_2}p = q - y_2$$

秦九韶的方法相当于给出此方程组的解：

$$p = \frac{a_1a_2(y_1 + y_2)}{a_2x_1 - a_1x_2}$$

$$q = \frac{a_2 x_1 y_2 + a_1 x_2 y_1}{a_2 x_1 - a_1 x_2}$$

《九章算术》的盈朒问题相当于 $a_1 = a_2 = 1$ 这一特殊形式。后世数学家称秦九韶这类问题为“双套盈朒”的问题。

在 1424 年刘仕隆的《九章通明算法》、1450 年吴信民的《九章算法比类大全》中都有考虑“双套盈朒”的问题。1592 年程大位写的《算法统宗》也考虑了“双套盈朒”的问题。

《九章算术》封面

中国的这种算法随着丝绸之路而传到中亚、南亚的伊斯兰教国家。阿拉伯人称之为“震旦算法”。前面我说过 $f(x)$ 是一次函数时，代数上“弦位法”就是“震旦算法”。这类盈不足问题的解法，需要给出两次假设，中世纪欧洲称它为“双设法”，有人认为它是由中国经中世纪阿拉伯国家传去的。

3 回文诗、镜反数和华林问题

——兼谈黄志华的工作

从一首回文诗谈起

杨振宁教授在香港大学演讲“物理和对称”时，举了苏东坡的七律诗《题金山寺》作为对称的例子。

这首诗是这样的：

潮随暗浪雪山倾，远浦渔舟钓月明。
桥对寺门松径小，槛当泉眼石波清。
迢迢绿树江天晓，霭霭红霞晚日晴。
遥望四边云接水，碧峰千点数鸥轻。

倒过来读又成诗：

轻鸥数点千峰碧，水接云边四望遥。
晴日晚霞红霭霭，晓天江树绿迢迢。
清波石眼泉当槛，小径松门寺对桥。

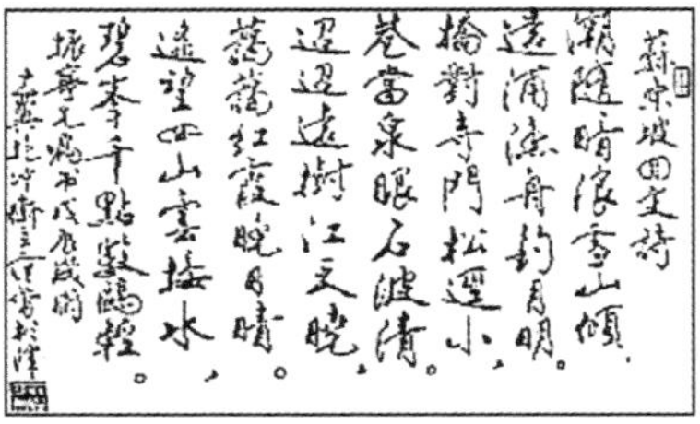

明月钓舟渔浦远，倾山雪浪暗随潮。

苏东坡回文诗《题金山寺》

宋朝的苏东坡、秦少游、王安石等人写回文诗、回文词不少。像据说是南宋吴文英所作的词《西江月·泛湖》，下阕是上阕的倒读！

雨过轻风弄柳，湖东映日春烟。
晴芜平水远连天，隐隐飞翻舞燕。
燕舞翻飞隐隐，天连远水平芜。
晴烟春日映东湖，柳弄风轻过雨。

宋朝的李禺写了一首《两相思》的回文诗：

枯眼望遥山隔水，往来曾见几心知？
壶空怕酌一杯酒，笔下难成和韵诗。
途路阻人离别久，讯音无雁寄回迟。
孤灯夜守长寥寂，夫忆妻兮父忆儿。

如果你从后倒读回去，你会发现诗变成了妻子思念丈夫，真是一首绝妙好诗。

中国汉文是很优美的，如果你能巧妙灵活地运用，你会发现不单有音律词藻的美，也有形式变化的美。

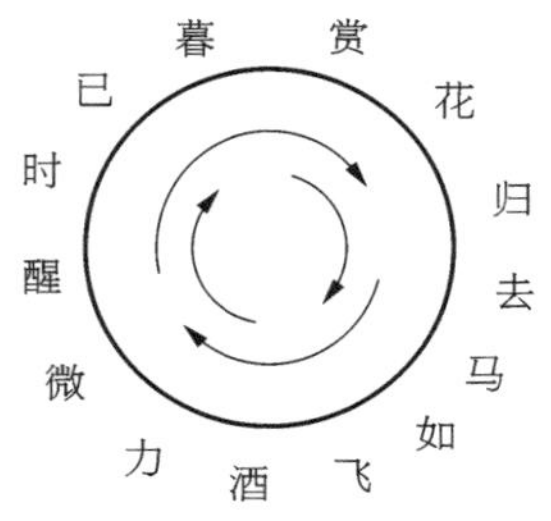

秦少游回文诗

秦少游是苏东坡的好友，在文字的驾驭上不输东坡。有一次苏东坡去探望少游，刚好他外出回家，苏东坡问他去哪里，少游不答，只是在纸上写了一圈 14 个字。

苏东坡一看这是一个回文谜图，他哈哈大笑，拿起笔来把这谜底写出，这是一首循环回文七绝：

赏花归去马如飞，
去马如飞酒力微，
酒力微醒时已暮，
醒时已暮赏花归。

在民间也有许多像这类回文诗词的对联，比如福建厦门鼓浪屿鱼脯浦就有一副有名的回文对联：

雾锁山头山锁雾，
天连水尾水连天。

对仗工整，只用八个字就把那里的自然壮阔境界以及山与雾互锁的迷韵意境表达出来。如果你们以后看到这类好东西请寄给我，我很喜欢这类文字。

镜反数

类似的例子在数学上也有。

我们现在定义一个正整数的镜反数(mirror-image number)是这样：如果 $n=\overline{a_1a_2\cdots a_k}$，则它的镜反数 $m(n)=\overline{a_ka_{k-1}\cdots a_2a_1}$。例如1 234的镜反数 $m(1\ 234)=4\ 321$。

一个正整数或词句的镜反数或镜反词句就是它的各位数字或各个字在位置排列上与原来成镜像对称。

1 234↔4 321

121↔121

白杨长映孤山碧↔碧山孤映长杨白

春暮伤别人↔人别伤暮春

雁归迷塞远↔远塞迷归雁

楼倚独深愁↔愁深独倚楼

这后四行是明朝王元美的《菩萨蛮·暮春》,你可以看出,每行前一句的镜反句形成了这行的后一句。

我们称满足 $m(n)=n$ 的数 n 为对称数。121，11，12 344 321 都是对称数。

我们现在定义一个映射 $F: Z \to Z$,对于任何 x,定义 $F(x)=x+m(x)$。有一个猜想是对任何正整数 x,存在一个正整数 k,使得 F^k 会把 x 映射成一个对称数。这问题看似简单但还没有证明。

例如：176→847→1 595→7 546→14 003→44 044,第 5 次映射就变成一个对称数。

华林及他的华林问题

华林

在还没有介绍黄志华先生的工作之前,让我们去看一位 200 年前的英国数学家华林所提出的问题。

爱德华·华林(Edward Waring, 1736—1798)是一位很杰出的人,他 1757 年在剑桥大学的数学学位考试中考第一名,取得学士学位。在 1760 年获得硕士学位,还没得博士学位就被聘为剑桥大学的卢卡斯教授。

卢卡斯教授是剑桥大学一个重要的职位，只有在学术上有成就的人才能担当，在这之前，巴罗（I. Barrow）和牛顿（I. Newton）就是卢卡斯教授。现在许多人都知道在黑洞理论有卓越成就的半身瘫痪的斯蒂芬·霍金（S. Hawking），他也是卢卡斯教授。

华林不到 30 岁就当卢卡斯教授，一直到去世为止，前后 38 年。可是他的博士学位却是医学博士（1770 年取得），他曾在伦敦、剑桥及亨廷顿的医院行医。

华林对数论很有兴趣，他在 1770 年的《代数沉思录》（*Meditationes Algebraicae*）里提出了这样的猜想："每个奇数或者是一个素数，或者是 3 个素数的和。"这猜想和 1742 年德国数学家哥德巴赫（C. Goldbach）提出的所谓"哥德巴赫猜想"——每个大于 2 的偶数都是两个素数的和——推动了数论的发展。

他在《代数沉思录》中还有一个有名的猜想：每个正整数可表为 4 个整数的平方和，可表为 9 个非负整数的立方和，可表为 19 个整数的四次方的和。

1782 年，华林在他的《代数沉思录》第三版里扩展了上述猜想，提出下面的华林问题：

(1) 对每个给定的正整数 $k \geqslant 2$，是否存在只与 k 有关的正整数 $s = s(k)$，使得每个正整数皆可表为至多 s 个非负整数的 k 次方之和？如果这样的 $s(k)$ 存在，那么求出其中最小的，记为 $g(k)$。

比方说，$k = 2$ 时 $g(2) = 4$。它是由法国数学家拉格朗日所证明。$g(3) = 9$ 由肯普纳（A. J. Kempner）正确证明。

欧拉（J. A. Euler）在 1772 年给出了这样的猜想：

$$g(k) = 2^k + \left[\left(\frac{3}{2}\right)^k\right] - 2$$

$[x]$表示不超过 x 的最大整数。

利用电子计算机,人们证明了对不超过 600 000 的整数,欧拉猜想是正确的。

1964 年陈景润证明了 $g(5) = 37$。

1986 年四位外国数学家证明了 $g(4) = 19$。

(2) 不要求每个正整数皆可表为若干非负整数的 k 次方之和,而只要求这种表示能对充分大的正整数成立。在这个条件下,相应于(1)中 $s(k)$ 和 $g(k)$ 的数,记为 $S(k)$ 和 $G(k)$。求 $G(k)$。

华林问题是由杨振宁的父亲杨武之(1896—1973)介绍进中国的。杨武之在美国芝加哥大学的导师是狄克森(L. E. Dickson),狄克森本人在华林问题上有很深入的研究,1936 年,他证明了对于满足一个相当宽松的条件的 k,欧拉的上述猜想成立。1939 年,他证明虽然 $g(3)=9$,但事实上只有 23 和 239 需要 9 个数的立方和表示。20 世纪 30 年代杨武之也曾从事这方面的研究,而且他把这方面的工作介绍给华罗庚,华后来在这方面做出了卓越的贡献。50 年代后陈景润在华的影响下也做了这方面的研究,并有上述贡献。

杨武之

等幂和的问题

我现在要来讲黄志华了。我在 20 世纪 70 年代介绍了中国的纵横图(magic square),有一天黄志华看那中国人 2 000 多年前就知道的洛书,他发现下面奇怪的现象:如果把 1,3,9,7 顺时针构造两位数以及逆时针构造两位数,就分别得到{97, 71, 13, 39}及

{31，17，79，93}。

他利用计算器计算，发现：

$$97+71+13+39=31+17+79+93$$

$$97^2+71^2+13^2+39^2=31^2+17^2+79^2+93^2$$

而最令他感到惊奇的是：

$$97^3+71^3+13^3+39^3=31^3+17^3+79^3+93^3$$

4	⑨	2
③	5	⑦
8	①	6

洛书

是不是只有洛书具有这样神奇的性质？还是一般的数组都有这样的性质？当时他正研究我建议的问题："什么数 A 和 B 具有性质 $A\times m(A)=B\times m(B)$？" 他发现这个问题竟然与等幂和问题有关。

他对洛书的另外一组数{2，6，8，4}利用顺时针及逆时针的方式构造了两个数组{24，48，86，62}及{42，84，68，26}，发现它们也有同样性质：

$$24+48+86+62=42+84+68+26$$

$$24^2+48^2+86^2+62^2=42^2+84^2+68^2+26^2$$

$$24^3+48^3+86^3+62^3=42^3+84^3+68^3+26^3$$

为了叙述方便，我们现在约定如果两个同长的数组 $\{a_1, a_2, \cdots, a_n\}$ 及 $\{b_1, b_2, \cdots, b_n\}$ 满足下面的关系：

$$a_1+a_2+\cdots+a_n=b_1+b_2+\cdots+b_n$$

$$a_1^2+a_2^2+\cdots+a_n^2=b_1^2+b_2^2+\cdots+b_n^2$$

……

$$a_1^k+a_2^k+\cdots+a_n^k=b_1^k+b_2^k+\cdots+b_n^k$$

而 $a_1^{k+1}+a_2^{k+1}+\cdots+a_n^{k+1}\neq b_1^{k+1}+b_2^{k+1}+\cdots+b_n^{k+1}$

我们就写成 $[a_1, a_2, \cdots, a_n]_k=[b_1, b_2, \cdots, b_n]_k$，并称之为 k 次等幂和数组。

于是前面的例子可以写成：

$$[24, 48, 86, 62]_3 = [42, 84, 68, 26]_3$$

$$[97, 71, 13, 39]_3 = [31, 17, 79, 93]_3$$

它们都是3次等幂和数组。读者可以试着验证下面这几个等幂和数组：

$$[0, 3]_1 = [1, 2]_1$$

$$[1, 2, 6]_2 = [0, 4, 5]_2$$

$$[0, 4, 7, 11]_3 = [1, 2, 9, 10]_3$$

$$[1, 2, 10, 14, 18]_4 = [0, 4, 8, 16, 17]_4$$

黄志华发现了下面的五次等幂和数组：

$$[4, 8, 13, 21, 26, 30]_5 = [5, 6, 16, 18, 28, 29]_5$$

在华罗庚著的《数论导引》第578页，有6,7,8,9次的等幂和数组：

$[0, 18, 27, 58, 64, 89, 101]_6 = [1, 13, 38, 44, 75, 84, 102]_6$

$[0, 4, 9, 23, 27, 41, 46, 50]_7 = [1, 2, 11, 20, 30, 39, 48, 49]_7$

$[0, 24, 30, 83, 86, 133, 157, 181, 197]_8 = [1, 17, 41, 65, 112, 115, 168, 174, 198]_8$

$[0, 3\,083, 3\,301, 11\,893, 23\,314, 24\,186, 35\,607, 44\,199, 44\,417, 47\,500]_9 = [12, 2\,865, 3\,519, 11\,869, 23\,738, 23\,762, 35\,631, 43\,981, 44\,635, 47\,488]_9$

黄志华在2006年2月22日使用他发明的置换记号方法，得到了一对六次镜反数等幂和数组：

{08, 19, 23, 25, 34, 36, 45, 47, 51, 56, 62, 67, 72, 73, 84, 90}

{80, 91, 32, 52, 43, 63, 54, 74, 15, 65, 26, 76, 27, 37, 48, 09}

它们的一次幂和都是792，二次幂和都是48 004，三次幂和都是

3 247 398,四次幂和都是 234 997 528,五次幂和都是 17 795 509 182,六次幂和都是 1 392 327 264 664。

这对数组还有一个特点：可分裂为四对二次镜反数等幂和数组：

第一对：{08，19，45，51，84，90}

{80，91，54，15，48，09}

第二对：{25，56，67，72}

{52，65，76，27}

第三对：{23，36，62}

{32，63，26}

第四对：{34，47，73}

{43，74，37}

既是等幂和数组,又是镜反数关系,可以分裂并合,这样的等幂和数组真是具有多层次的美!

镜反数积等式

黄志华曾和我联系,谈他在平方镜反数方面的发现。我建议他考虑下面的问题：寻找整数 A，B,满足这样的关系式：

$$A \times m(A) = B \times m(B)$$

比方说 $168 \times 861 = 294 \times 492$

$1\,456 \times 6\,541 = 2\,743 \times 3\,472$

$13\,248 \times 84\,231 = 23\,184 \times 48\,132$

黄志华发现要构造这类满足镜反数积等式的数可以用生成数的方法。

设$m(A)$是正整数A的镜反数,例如$m(378)=873$,$m(430)=034$。又我们将所有个位数不是0而且不会与自己的镜反数相等的正整数称为“平凡自然数”,例如20,2 500,12 321,4 224等都不是平凡自然数。

对于平凡自然数u,v,如果整数u,v在下列四种乘积计算过程中都没有进位:

(1) $u\times v$

(2) $m(u)\times v$

(3) $u\times m(v)$

(4) $m(u)\times m(v)$

那么我们令$P=u\times v$,$Q=m(u)\times v$,就会有:

$$m(P)=m(u)\times m(v),\ m(Q)=u\times m(v)$$

因此
$$\begin{aligned}P\times m(P)&=u\times v\times m(u)\times m(v)\\&=m(u)\times v\times u\times m(v)=Q\times m(Q)\end{aligned}$$

这里,u,v就叫做镜反数积的生成数,很明显的它们不会是对称数,即不会有$m(u)=u$和$m(v)=v$,也不会个位数是0。

在u,v都是两位数时,可以证明只有四对这样的u,v:

$(u,v)=(12,12),(12,13),(12,14),(12,23)$

我们看这些数对应的P,Q分别是什么:

$u=12$,$v=12$,$P=144$,$Q=252$

$144\times 441=252\times 252$

$u=12$,$v=13$,$P=12\times 13=156$,$Q=21\times 13=273$

$156\times 651=273\times 372$

$u=12$,$v=14$,$P=12\times 14=168$,$Q=21\times 14=294$

$168\times 861=294\times 492$

$u=12$,$v=23$,$P=12\times 23=276$,$Q=21\times 23=483$

$276\times 672=483\times 384$

利用生成数原理，还可以得到其他多位数镜反数积数组。例如

令 $u=13$，$v=122$，$P=13\times122=1\,586$，$Q=31\times122=3\,782$，则有 $1\,586\times6\,851=3\,782\times2\,873$。

令 $u=102$，$v=143$

$P=102\times143=14\,586$

$Q=201\times143=28\,743$

$14\,586\times68\,541=28\,743\times34\,782$

令 $u=27$，$v=10\,011$

$P=27\times10\,011=270\,297$

$Q=72\times10\,011=720\,792$

$270\,297\times792\,072=720\,792\times297\,027$

前面提到这些镜反数积等式的数与等幂和数组是有关系的，现在请你看看下面的情形：

$144\times441=252\times252$

$1+4+4=2+5+2$

$1^2+4^2+4^2=2^2+5^2+2^2$

因此，我们有 $[1, 4, 4]_2=[2, 5, 2]_2$

$156\times651=273\times372$

$1+5+6=2+7+3$

$1^2+5^2+6^2=2^2+7^2+3^2$

即 $[1, 5, 6]_2=[2, 7, 3]_2$

同样对于 $168\times861=294\times492$

我们也有 $[1, 6, 8]_2=[2, 9, 4]_2$

以及对应于 $276\times672=483\times384$，我们可以得到 $[2, 7, 6]_2=[4, 8, 3]_2$。

黄志华发现这些镜反数积等式真是暗藏玄机，是偶然如此还是必然如此呢？经过一番钻研，他证明是必然如此。你可以试试

找另外的证明。

据此原理，要炮制镜反数积等式，就得先定出生成数 u，v。

适当地选取 u，v，还可以炮制其他位数更多的镜反数积等式，如

$$u=27,\ v=1\,011:\ 27\,297\times 79\,272=29\,727\times 72\,792$$

$$u=203,\ v=10\,012:\ 2\,032\,436\times 6\,342\,302=3\,023\,624\times 4\,263\,203$$

如果我们善于变化地运用上述的基本原理，还可以炮制如下的连环型镜反数积等式：

145 584×485 541=158 544×445 851=254 772×277 452

1 226 448×8 446 221 =2 146 284×4 826 412=2 416 824×4 286 142

=2 449 224×4 229 442

……

如果我们再把这原理变一变，主要是借用下面所示的两类关系式：

$$\frac{P_1}{Q_1}=\frac{P_2}{Q_2}=\frac{d_1}{m(d_1)},$$

$$\frac{m(P_1)}{m(Q_1)}=\frac{m(P_2)}{m(Q_2)}=\frac{m(d_1)}{d_1}$$

和

$$\frac{P_1\times P_2}{Q_1\times Q_2}=\frac{P_3}{Q_3}=\frac{d_1^2}{[m(d_1)]^2},$$

$$\frac{m(P_1)\times m(P_2)}{m(Q_1)\times m(Q_2)}=\frac{m(P_3)}{m(Q_3)}=\frac{[m(d)_1]^2}{d_1^2}$$

那么我们还可以炮制另一种类型的镜反数积等式：

对于 156×294=168×273，其逆序书写的等式亦成立，即有

372×861=492×651

对于 1 224×2 814×2 346×6 834=1 428×2 412×3 468×4 623，其逆序书写的等式亦成立，即有

$$3\,264\times8\,643\times2\,142\times8\,241=4\,386\times6\,432\times4\,182\times4\,221$$

对于 156×1 236×445 851＝273×2 163×145 584，其逆序书写的等式亦成立，即有

$$485\,541\times3\,612\times372=158\,544\times6\,321\times651$$

构造二次、三次等幂和数组的方法

我们平常用 10 进位来表示数，例如 $153=1\times10^2+5\times10+3\times1$。电子计算机是采用 2 进位制，3 的表示是 $3=1\times2+1\times1=(1,\ 1)_2$。我们老祖宗在殷商时期就用天干地支来表示年，这就是 60 进位制。

现在为了免除做乘法时要进位的麻烦，我们想象用一个很大的 n 为基数，所有的数都是 n 进位制表示，这样在做加法和乘法时可避免进位。例如

$$\begin{array}{rrrr} & 1 & 3 & 8 \\ + & & 2 & 9 \\ \hline & 1 & 5 & 17 \end{array}$$

即$(1,\ 5,\ 17)_n$

而$(1,\ 3,\ 8)_n\times(2,\ 9)_n$

$$\begin{array}{rrrrr} & & 1 & 3 & 8 \\ \times & & & 2 & 9 \\ \hline & & 9 & 27 & 72 \\ & 2 & 6 & 16 & \\ \hline & 2 & 15 & 43 & 72 \end{array}$$

即 $(1,\ 3,\ 8)_n\times(2,\ 9)_n=(2,\ 15,\ 43,\ 72)_n$。

黄志华发现了下面的定理。

定理 如果 $A=(a_1,\ \cdots,\ a_m)$ 而 $B=(b_1,\ \cdots,\ b_l)$，定义 $m(A)=(a_m,\ a_{m-1},\ \cdots,\ a_2,\ a_1)$，则用 n 进位制的乘法我们得到

$A \times B$, $m(A) \times B$, 它们各位数形成的数组是二次等幂和数组。

例 $A=(1,3,8)$, $B=(2,9)$则 $m(1, 3, 8) = (8, 3, 1)$

$$\begin{array}{rrrr} & 1 & 3 & 8 \\ \times & & 2 & 9 \\ \hline & 9 & 27 & 72 \\ 2 & 6 & 16 & \\ \hline 2 & 15 & 43 & 72 \end{array} \qquad \begin{array}{rrrr} & 8 & 3 & 1 \\ \times & & 2 & 9 \\ \hline & 72 & 27 & 9 \\ 16 & 6 & 2 & \\ \hline 16 & 78 & 29 & 9 \end{array}$$

我们有$[2, 15, 43, 72]_2=[16, 78, 29, 9]_2$

是否可以将以上的方法推广以寻找三次及以上的等幂和数组呢？黄志华发现用下面的方法可以找到，我举几个实例来看。

例 1 $(4, 2) \times (1, 1) \times (3, 5) = (12, 38, 36, 10)$

$(4, 2) \times (1, 1) \times m(3, 5) = (20, 42, 28, 6)$

于是$[12, 38, 36, 10]_3 = [20, 42, 28, 6]_3$

例 2 $(5, 2) \times (1, 1) \times (3, 7) = (15, 56, 55, 14)$

$(5, 2) \times (1, 1) \times m(3, 7) = (35, 64, 35, 6)$

于是$[15, 56, 55, 14]_3 = [35, 64, 35, 6]_3$

例 3 $(2, 1, 5) \times (1, 1, 1) \times (1, 3) = (2, 9, 17, 30, 23, 15)$

$(2, 1, 5) \times (1, 1, 1) \times m(1, 3) = (6, 11, 27, 26, 21, 5)$

于是$[2, 9, 17, 30, 23, 15]_3 = [6, 11, 27, 26, 21, 5]_3$

例 4 $(5, 5, 2, 2) \times (1, 1, 1, 1) \times (1, 3)$

$= (5, 25, 42, 50, 51, 31, 14, 6)$

$(5, 5, 2, 2) \times (1, 1, 1, 1) \times m(1, 3)$

$= (15, 35, 46, 54, 41, 21, 10, 2)$

于是$[5, 25, 42, 50, 51, 31, 14, 6]_3 = [15, 35, 46, 54, 41, 21, 10, 2]_3$

由于时间的关系，我们对黄志华的工作就介绍到这里，我想你们一定想要知道关于他的一些事迹吧。

黄志华传略

黄志华是香港粤语歌文化历史研究者，喜欢钻研文字与音乐的创作，也喜爱数学与棋艺等。他是香港著名乐评人，在20世纪80年代曾以李谟如、许云封、周慕瑜等笔名填词，后主力研究香港流行音乐文化，与朱耀伟同为少数本地乐坛研究者。著有多本评论专书，如《早期香港粤语流行曲(50—74)》《粤语歌词创作谈》《香港词人词话》《被遗忘的瑰宝——香港流行曲里的中国风格旋律》等。他也是黑白棋、华容道的研究者，写有不少探讨文章。他在香港的工作是撰稿人，主要是撰写中文流行歌曲评介的文章。业余爱好不少，思索数学问题是重要的一项，其他还有写诗填词、玩乐器(箫、笛、二胡)、阅读、下棋、搜集智力游戏玩具及有关资料等。

他什么时候对数学产生兴趣？这可以追溯到小学三、四年级的时候，因为补习老师的熏陶，开始为数学的魅力所吸引。五年级的时候更得过全校的算术比赛冠军。

初中的时候，他并不满足于学校的数学课，例如当时课程中有关几何的内容很少，老师也并不鼓励做几何证明的题目，他就自己去找有关的课外书来看，同时和两三位志同道合的同学互相切磋。

这时他看的课外数学书有马明的《圆和二次方程》，华罗庚的《从孙子的“神奇妙算”谈起》《从祖冲之的圆周率谈起》等。

说来他的整个中学时代都是在20世纪70年代里度过的，而70年代里最震撼他的中国数学界大事就是陈景润证明了“1+2”，于是他对数论上某些问题兴趣甚浓。高中时，他便找一本由裘光明译的N. M. 维诺格拉陀夫著的《数论基础》用心钻研。那时我在《广角镜》月刊经常发表数学普及文章，他除了阅读之外也参加我的有奖问题征答，以后还和我通信讨论他的一些问题。

有一次,他很有兴趣地做了一个尝试,看看是否能只用平面几何来证明三维勾股定理,结果成功了,我把他的证明介绍给许多读者。

很可惜他英语水平不高,这阻碍了他的升学,以后便只能在业余的时候看一点数学书,但由于个人兴趣广泛,有时也会把数学完全放下好些日子。事实上,从事与流行音乐评介有关的工作多年,他早认为自己只宜当个数学票友,把数学看成是一门艺术来欣赏,偶然也研究一些浅易的数学问题,尝尝发现数学美妙规律的快乐滋味。这就像喜欢阅读诗歌的人偶然也会手痒痒想自己执笔写一首试试看。

他所以会研究起华林问题中的等幂和问题,全因当年和我通信时我建议他寻找满足 $A\times m(B)=m(A)\times B$ 的正整数 A, B 而引起。后来他发现满足这种关系的正整数竟潜藏着二次等幂和数组的性质,因而也就开始注意起与等幂和有关的问题,特别是在如何构造等幂和数组方面兴趣最大。研究这个问题时,他在早期就凭直觉发现用生成数的方法,可以构造二次以至三次的等幂和数组,但却在十多年后才亲自给出一个证明。

我后来由于健康和工作的关系,有十年时间停止写作以及和亲戚朋友通信,直到 1996 年 1 月 11 日,我由香港数学教育协会安排在教师中心演讲,黄志华抽空跑来听并给我这十多年研究的心血《2M 计划》——用手写的手稿。在离香港赴台的前夕,我和他通电话表示很可惜不能和他多在一起讨论,我把他介绍给我在香港大学的好友萧文强教授,说他是香港的拉马努金(Ramanujan),应该好好栽培,假以时日,这位业余数学家会在数学上有贡献的。

今天我这里介绍的是他《2M 计划》里的一小部分。黄志华已经发现了一个金矿,我希望有更多人一起来开采。杨振宁曾说:“好比淘金矿,当然以淘新金矿为好。这不是说在老金矿中一定淘不出东西,不过淘出东西的可能性比较小。所以我赞成淘新金矿,不赞成淘老金矿。”

他还说：“西方，尤其是美国的小孩常常训练不够，可是他们有一种天不怕地不怕的精神，专门爱想新的东西。而且所想的东西往往是和实验及实验现象比较接近的东西，我希望大家多注意新的东西，活的东西，与现象关系密切的东西。”

我希望你从这里开始进入数学美妙的殿堂，发现一些新的真理。你在这里做的任何一点研究都会让你感到数学迷人的地方。

【2013 年 7 月 3 日后记】此文是 1997 年 8 月 6 日在台湾师范大学对暑期班数学老师的演讲记录。感谢洪万生教授提供这个机会让我和他的学生交流这方面的知识。

延安大学数学与计算机科学学院的侯万胜先生发现把黄志华这个方法再变化一下，不难构作出

$$A_1 \times m(A_1) = A_2 \times m(A_2) = \cdots = A_n \times m(A_n)\cdots$$

生成数方法仍旧可用，例如当 $n = 4$ 时，只要找出适当的生成数 a，b，c，使

$$A_1 = a \cdot b \cdot c$$
$$A_2 = a \cdot b \cdot m(c)$$
$$A_3 = a \cdot m(b) \cdot c$$
$$A_4 = a \cdot m(b) \cdot m(c)$$

一般地，当 $n = 2^k$ 时，我们需要 $k+1$ 个生成数。不过，当这些生成数中有些是互为镜反数时，比如有 $m(b) = c$，则以 $k+1$ 个生成数构作镜反数积等式，只能有 $n < 2^k$。例如在上式中，若有 $m(b) = c$，则 $A_1 = A_4$，此时 n 只能是 3。以下是几个实际的例子：由生成数 12，21，1 011，构作得 145 584 × 485 541 = 158 544 × 445 851 = 254 772 ×277 452。由生成数 12，21，1 011，1 000 010 001，分别乘得：

$$A_1 = 12 \times 12 \times 1\,011 \times 1\,000\,010\,001 = 145\,585\,455\,985\,584$$

$$A_2 = 21 \times 12 \times 1\,011 \times 1\,000\,010\,001 = 254\,774\,547\,974\,772$$

$$A_3 = 21 \times 21 \times 1\,011 \times 1\,000\,010\,001 = 445\,855\,458\,955\,851$$

$$A_4 = 21 \times 21 \times 1\,101 \times 1\,000\,010\,001 = 485\,545\,855\,895\,541$$

$$A_5 = 12 \times 12 \times 1\,101 \times 1\,000\,010\,001 = 158\,545\,585\,598\,544$$

$$A_6 = 21 \times 12 \times 1\,101 \times 1\,000\,010\,001 = 277\,454\,774\,797\,452$$

于是有 $A_1 \times m(A_1) = A_2 \times m(A_2) = \cdots = A_6 \times m(A_6)$。

4 中国卓越数学家苏步青

鼓励学生超过自己，又对学生提出严格的要求，使他们感到有压力。这是培养学生成为数学人才的一种值得重视的经验。

——苏步青

为学应须毕生力，攀高贵在少年时。

——苏步青

贫寒出身的老数学家

复旦大学名誉校长、中国数学会名誉理事长、中国科学院院士苏步青(1902—2003)是一位德高望重的老数学家。他除了当民盟中央副主席之外，也是中国第七、八届全国政协副主席。

苏步青出生在浙江省平阳县腾蛟镇带溪乡的一个农民家庭，他父母生了 13 个子女，他是次子。童年就要帮助家人割草、喂猪、放牛。由于家庭贫穷，6 岁未能上学。他每天放牛路过私塾，就偷偷跑到窗口去偷看偷听老师教书。后来父亲看到他这么爱念书，就在他 9 岁时全家吃杂粮，省下大米，借了几块钱，挑了一担米，带他到离家 100 里的平阳县唯一的一所小学当插班生。

他认识了一些字后，就自己找书看，读《三国演义》《水浒传》，甚至连小孩子不容易懂的《聊斋志异》也被他翻阅了一二十遍。

振作读书，发奋图强

平阳县的语言有一个奇特的现象：在乡下，人们常讲闽南话，因为两三百年前，闽南漳州、泉州、南安等地有一批人为了避倭乱移民到那一带，所以在浙南闽北交界地区有一些人是讲温软的闽南话；而在县城里的人则是讲音量大而发音怪的温州话。这两种语言的差距就像意大利语和俄罗斯语。开始苏步青从穷山沟里来到县城，就像刘姥姥进大观园事事感到新奇，整天玩耍无心读书，再加上语言隔阂，结果期末考试，是全班 32 人中最后一名。

第二年，离他家乡 10 多里的水头镇，办起了一所中心小学，他的父亲把他转到那儿上课，老师讲书是用闽南话，苏步青上课听得懂了。可是由于家穷被老师看不起，有一次在作文时，苏步青认真地写了一篇文情并茂的文章，老师却说他抄袭，后来问明，但老师仍不公正地批个“差”的分数，这损害了小苏步青的自尊心，以后他不听课，并尽情玩耍，当然这学年他又是考最后一名。

第三年来了一个叫陈玉峰的新老师，发现了他的问题，就劝告他应该人穷志不穷，努力读书好好向上，不然浪费了农民爸爸的血汗钱，辜负了父母对他读书识字的期望，以后目不识丁怎能改变贫苦的命运。

苏步青看到陈老师对他有爱心并加勉励，决定收敛贪玩的心，振作起来发奋图强，不要让陈老师失望。除了读课本之外，他也读了一些古典小说，并且开始读《东周列国志》，有些字不懂，他步行几十里山路，向人借《康熙字典》。放假，他就回家放牛，在牛背上背诵《千家诗》《唐诗三百首》。他的记忆力特好，过了不久，他就能把杜甫、李白的诗背诵如流。这学年结束，他考得第一。以后求学，每次考试都是第一名。

13 岁那年春天，苏步青小学毕业，距离暑假考中学有半年的时间，他就把《左传》从头到尾熟读。1914 年，他以优秀成绩考进了温州的浙江省第十中学。最初他立志读完《资治通鉴》，将来当一名历史学家。可是在初二时学校新聘了一位从日本留学回来的杨老师，这位老师觉得积弱的中国靠古老的历史和文学是救不了的，只有科学才能救中国，这想法影响了苏步青。

“苏步青，我觉得你的历史和文学都学得挺好，可是我觉得你在学数学方面会有发展前途，今后应该多钻研数学，少看历史和诗词的书。”杨老师借给他看科学杂志，鼓励他学科学。

于是苏步青的读书兴趣逐渐由文学转到理科，特别是对数学很有兴趣。他为了证明著名的欧几里得几何的一个定理“任意三角形内角之和等于 180°”，废寝忘食，找到了 20 个不同方法的证明，后来写成了一篇论文，送到浙江省的一个学生作业展览会上展览。

他所在中学的校长洪彦远毕业于东京高等师范学校，是中国最早去日本学习数学的少数留学生之一。他兼教平面几何，听到杨老师讲他班上 15 岁的苏步青勤奋好学的事，对苏步青关注起来，常在同学自修时过来看他的作业本，每看一道题，就露出一丝笑容，有时频频点头。洪校长几何教得极好，非常欣赏苏步青的解法。有一天，洪校长把他叫到办公室，问了他一些学习及家庭情况之后，便觉得这孺子可教，而且可能是未来的国家栋梁，便对他说：“我要调离学校，到教育部去工作。你毕业后可以到日本去学习，我一定帮助你。”

少年负笈赴东瀛

对于洪校长的鼓励及器重,苏步青很是感激,这使他更勤奋地读书及钻研数学。当年中国教育是实施中学四年制,苏步青17岁以第一名的优异成绩毕业。

这时,他想起了洪校长的嘱咐,便写信给在教育部工作的洪彦远,表示想出国留学,可是却没有钱,想请他资助。过了不久,洪彦远就汇了200银圆给他,并且勉励他为国争光。苏步青捧着这笔巨款,激动地滚下热泪,洪校长的钱是"及时雨",这是改变他一生的转折点。

1919年7月的一个秋天,苏步青乘日本海轮,从上海去往日本。洪校长寄了临别赠言:"天下兴亡,匹夫有责,要为中华富强而奋发读书。"后来苏步青回忆往事写了《外滩夜归》的诗句:"渡头轻雨洒平沙,十里梧桐绿万家。犹记当时停泊处,少年负笈梦荣华。"

1919年的中国是被列强任意宰割、任意瓜分的半封建半殖民地国家。英、美、法、日、意、德皆在中国有租借地,在上海的外滩公园就挂着"华人与狗不得入内"的牌子,在黄浦江上停泊的是英国、美国、日本等国家的军舰。而他到日本去每次都从黄浦江进出,每逢冬天都看见南京路上有冻死的人,他坐在日本的海轮上想:"我们自己还不会造船,有一天我们自己能造轮船就好了!"

到日本后,他先去东京的东亚日语补习学校学习了一个月,后由熟人介绍住进一个日本家庭。他向房东学日文时,不仅早上和她一起去菜市场买菜,练习日语会话,并且晚上听她读报、讲故事,还自己预习功课,准备投考东京高等工业学校。很快他便掌握了初级的日本语言能力。

在异国为中国人争气

1920 年 2 月，东京高等工业学校举行招生考试，考生应该在 3 小时内做完 24 道题。而苏步青只用 1 小时就全部解决了。接着是口试，目的是考察学生口头解答问题的能力，他应付自如。结果他以第一名的成绩考入日本东京高等工业学校电机系。当时许多中国人要入校，一般都要花一年半到两年半去学日文和补习一些入学考试的科目，而苏步青却创下以 3 个月时间的准备就进入学校的新纪录。由于成绩优异，他三次拿到奖学金。

他在这所名牌大学毕业之后又决定报考日本东北帝国大学数学系。该系招收 9 名学生，报考的却有 90 名之多。考试结果，中国留学生只有他一个人被录取，他的“微积分”和“解析几何”都得了 100 分，是考生中的第一名。

初进东北帝国大学时，有一次老师让学生们用一个下午的时间做题目。老师留下题目就走了，苏步青自以为了不起，一个人坐在没人敢坐的第一排。两个钟头后，老师回来，首先看他的作业，一边看一边摇头：“什么东西？这根本不是数学。”这时他才恍然大悟，以前在工科大学学的数学是不严格的，不符合现代数学的精神。

于是，他除了上课外，大部分时间都在图书馆里。读到三年级时，由于国内发生战争，公费中断，生活无着落。数学系系主任林鹤一每月从自己的薪水取出 40 元给苏步青，并开玩笑说：“等你发了财还我。”后来又让他管理图书兼校对《东北数学杂志》。这期间苏步青还通过卖报及送牛奶赚取生活费。

1931 年获日本理学博士学位

林鹤一还介绍苏步青到一位医科教授的家为其儿子补习数学。最后他还提议把自己教的一门课让给苏步青教,这在当时一些歧视中国人的教授看来是一件荒谬的举动,因此这提议在教授会审议时遇到反对。可是由于林鹤一的坚持,终于获得通过。当时日本报章曾登载此事并慨叹:"非帝国之臣民,却当了帝国大学的讲师。"

他在大学三年级时,在日本学士院院士藤原松三郎辅导下,用英文写出第一篇代数方面的论文。论文发表在《日本学士院纪事》上,为中国人争了光。

接着他进入大学的研究院深造,他的导师是曾留学德国的洼田忠彦(Tadahiko Kubota)教授,这位教授是日本著名的微分几何学家。在他指导之下的 4 年,苏步青连续发表了 30 多篇论文。结果在 1931 年得到日本理学博士学位。

他的老师是怎样训练苏步青的呢?老师对他要求严格,每周要他汇报学习情况,存在什么问题,对这些问题有什么想法。这就使他能独立思考,学会解决问题。

有一次他遇到一个难题,解不出来,就去问洼田老师。老师不直接给他答案,要他去看一本巨著——沙尔门和菲德拉的《解析几何》,这书有三巨册共 2 000 页。开始时苏步青觉得老师不肯给自己教导,心中有些不愉快,可是又不得不去啃这书。两年后,他读完这本书,问题解决了,而他的基础更踏实了,以后终身可受用,他这才明白老师的良苦用心。

当时他是第二个在日本获得数学博士学位的中国人,第一位是他的学长陈建功,后来两人回中国一起创办浙江大学数学系。

苏步青的数学成就

1983 年日本数学学会在广岛大学举办数学年会，中国数学会代表团应邀参加，苏步青是团长，团员有胡和生教授和王元教授。

在大会上，苏步青自我总结自 1926 年开始的 50 多年的学术活动，围绕微分几何学的各专题，可大致分为 5 个阶段：

（1）1926—1930，主要搞仿射微分几何；

（2）1930—1940，重点研究射影微分几何；

（3）1940—1950，转入以一般空间微分几何为重点；

（4）1950—1966，主攻射影共轭网理论；

（5）1966 年以后，计算几何领域。

到 1983 年，他已发表 153 篇论文，写成专著和教材 10 部。他被称誉为“经典微分几何学派”在中国的首创人。

微分几何是用现代的分析、代数、拓扑等工具来研究空间形式的一门学科，中国在“文革”以前，这方面的基础理论曾接近和部分赶超世界水平。“文革”期间由于科研停顿，这方面的工作就落后了。

几何大家陈省身认为，苏步青利用几何图形奇点的特性来表现整个图形的不变量是他的工作特色。许多搞局部微分几何的学者，往往把奇点丢掉；而苏步青却从奇点来发掘隐藏的几何性质，思维方法很独特。

1987 年 9 月 23 日，是苏步青 85 岁生日，也是他执教、研究数学 60 周年，复旦大学和上海数学会举行祝贺苏步青 60 年教学与科研的会议。在大会上他的得意弟子谷超豪说：“苏老是国际上公认的几何学权威，他的仿射微分几何和射影微分几何的高水平工作，至今在国际数学界占着无可争辩的地位。”

苏步青对中国数学学科的建设建立了功勋。在浙大、复旦,他为创建国内外有影响的学科呕心沥血,为中国教育事业的改革也做出了不可磨灭的贡献。

他从 1966 年以来搞计算几何,是他和学生刘鼎元把代数曲线论中的仿射不变量方法引入几何计算。他们利用这方法于船体放样,为造船工业做出了贡献,从而缩短了船体建造周期,提高了船体建造的质量,节省了材料和工时消耗。

到了 1983 年,他们把这些理论应用于汽车车身外形的设计。在 20 世纪 90 年代,他们又把这些计算几何的理论和方法应用到开发建筑、服装、内燃机等行业的计算机辅助设计系统上,使得设计师可以在电脑的屏幕上修改设计方案。

苏步青强调应用数学的研究。他不赞成许多数学家互不相谋,自钻在非常特殊的题目中,以致数学的整个领域呈现一片混乱不堪的无政府状态。

他认为数学要联系实际,联系中国经济发展的实际。数学与经济不是没有关系,而是大有关系,因此应该想到应用的问题。

严师出高徒

苏步青曾经说过:“鼓励学生超过自己,又对学生提出严格的要求,使他们感到有压力。这是培养学生成为数学人才的一种值得重视的经验。”

他创建了中国的微分几何学派,并培养出许多优秀的学生,其中有熊全治、张素诚、杨忠道、谷超豪、胡和生等。

他有 15 个学生是中国大学的数学系主任。在中国数学界有名的 100 多位数学家中,有 30 多位是他悉心培养过的学生。

在国内外从事科研及教学的著名数学家，如熊全治、杨忠道、夏道行、龚昇、秦元勋等，都是被他教导过的得意门生。

抗日战争爆发，由于日寇飞机轰炸杭州，浙江大学师生往内地迁移。东北帝国大学再次聘请苏步青回校任数学教授，而且他的日籍太太的父亲病危，也要他们火速到仙台去。他对妻子说："你回日本吧！我要留在自己的祖国。"他的妻子说："你不走，我跟着你，也不走。"苏步青就把刚刚分娩的妻子以及孩子送到平阳的乡下避难，自己只身和浙大西迁的队伍，跋涉五千里路，最后到达贵州省遵义的湄潭。

暑假里他回平阳，把妻儿接到湄潭，与生物学家罗宗洛同住在一所破庙里。当时穷得没钱买米，吃了几个月番薯干蘸盐巴。他有一个孩子就因营养不良，出世不久就夭折了。

可是就在这种困难的环境下，他还坚持教书及做研究。晚上就在烟熏昏暗的桐油灯下，伏在摆菩萨的香案上看书写论文，经常工作到晓鸡初啼才罢休。白天他在夫子庙里办几何学的讨论班，小小的条桌旁坐着四个学生——张素诚、白正国、吴祖基和熊全治。这四个人后来都成为有名的数学家：张素诚是中国科学院数学研究所研究员；白正国曾当杭州大学数学系系主任；吴祖基后来是郑州大学数学系系主任；熊全治曾担任美国利哈伊大学（即理海大学）数学系系主任，是国际数学杂志《微分几何》的创办人。

就是在这样的条件下，他创立了中国的微分几何学派。

1980 年，他的得意门生熊全治从美国来复旦大学讲学一个月，在上海时写了一首七绝给老师：

八十超稀祝期颐，芬芳桃李满园时。
科学研讨拓荒者，化雨春风一代师。

熊全治回忆在湄潭苦学的日子，以及和老师在山洞里开几何研讨会的情景。有一次轮到他第二天在讨论班做报告,可是他却有困难,想请苏老师通融改期。

苏步青对他在最后时刻打退堂鼓很生气,觉得他不负责任,对他进行了严厉的批评。他只好回去连夜准备,结果“赶鸭子上架”,第二天竟顺利地交出报告。

熊全治说:“幸亏40年前苏先生那次痛骂一顿,使我清醒过来,否则也许不会有今天这样的建树。”

他的另外一位得意学生谷超豪也有类似的经验。谷超豪(1926—2012)是浙江温州人,1943年报考浙江大学数学系,1946年直接得到苏步青的教诲。在培养学生时,苏步青重视学生的治学态度和独立思考问题的能力。有一次他拿了一篇相当艰深的论文,要谷超豪一个月内读懂。通过谷超豪的表现,苏步青知道他吸收能力强,思维敏锐,理解问题有深度,因此把他作为重点对象培养,后来指导他对“K-展空间”做研究。为了扩大他的知识面,除了让他参加微分几何的讨论班外,还让他参加陈建功的函数讨论班,后来还建议他去苏联进修和研究李-嘉当拟群。谷超豪在苏联取得了数学理学博士学位。

谷超豪在1959年回国后,除了做微分几何的工作外,还转入偏微分方程,以后又搞杨振宁的规范场论和理论物理。他还培养出李大潜和俞文魮等高徒。

谷超豪的妻子胡和生也是苏步青的弟子,在她当学生时,苏步青让她读德文版的专著《黎曼空间曲面论》,并且要她每星期汇报一次。有一次,胡和生到时没来报告,苏步青很生气地来到她的学生宿舍敲门。胡和生看到老师用严厉的眼光责备她,连忙解释,为了准备报告,熬了通宵,直到凌晨才睡,谁想却睡过头了。苏步青看桌上还亮着的灯,及摊开的书本和笔记,知道她没有说谎,可是却没有安慰她,仍然要她把报告做完。

后来她写出了“仿射共轭联络的扩充”的论文,苏步青帮她仔细修改,论文发表后,在国内外产生了相当的影响。

春风桃李,诲人不倦

从年轻一直到年老退休,苏步青无时无刻不在为培养中国的数学人才而努力。

中国在 20 世纪 50 年代向苏联老大哥学习,为了从苏联引进数学教材,本来会日文、英文、法文、德文和意大利文的苏步青开始学习俄文,并且把俄文数学书如《解析几何》《几何基础》翻译成中文,提供给浙江大学及其他高等学校作为数学教材。

到了 60 年代中期的"文化大革命"期间,他被定为"国民党残余势力"、"反动学术权威",不允许他从事教学和科研工作,但他还是想法子帮助一些想做数学的年轻人。

1969 年春天,他被安排在"理科大批判组"翻译数学资料。和他同一组的青年数学教师许永华,偷偷地告诉他自己私下研究近世代数,担心写的论文无处发表。

苏步青就鼓励他:"让他们去反对,你搞你的。有空到我家走走,也许我能帮你一点忙。"许永华就把自己的一些论文交给苏步青看。

过了几天,在一个黑夜,苏步青打着手电筒,摸黑到许永华的家,从口袋掏出许永华的论文交回给他。

许永华打开一看,论文上面多处留着老师工整的字,连一些错误的标点都改正了。

后来在苏步青的推荐下,许永华的第一篇论文在 1975 年《数学学报》上发表,其中的两个定理引起国外数学界的兴趣和重视,国外数学家称之为"许永华-富永(H. Tominaga)定理"。

1981 年年初,许永华被提升为复旦大学数学系教授。

为中学教师举办讲习班

苏步青在不同场合以敢讲话而闻名。在政协委员的座谈会上,他提出要提高中国中学教育的质量,关键是提高教师的质量。

1983年他退居二线,从一些中学了解到,有的教师的数学水平不高,对学生所提的问题答错了,他觉得有必要提高教师的素质。因此,他产生了为中学教师举办讲习班的心意,指导他们用高等数学的观点来看待初等数学,以提高数学水平。

在上海市教育局和上海科协的组织下,他组织了三次讲习班,第一次讲"等周问题",第二次"拓扑学初步",第三次"高等几何",每一次有60位中学教师来听讲。

当时他已83岁,上海市教育局领导怕他身体不行,建议每次由他上一小时课,助手上一小时课,他却全部包下来。

为了准备教材,他早在半年前就动笔写,而且还拿其中的材料对复旦大学数学系部分高年级学生讲,通过观察这些学生的反应,对讲稿做修改和补充。为了便于教学,他还制作一批示教图,讲课时通过投影仪边放映边讲授。

他虽然退休,可是仍爱教书,他写道:"安得教鞭重在手,弦歌声里尽余微。"比方说在讲"拓扑学初步"时是数九寒冬,在离上课前还有20分钟,苏步青已到讲课地点上海教育学院,走进教室在黑板上画起12面体图形。

他的助手刘鼎元副教授要先帮他画,他说:"不必,我还画得动,很快就可以完成。"他能自己动手,就不假手于他人。

9时整,正式上课。他站在讲堂上,身体挺直,精神抖擞,时而比划,时而手写,洪亮的声音传遍整个大教室。

无私奉献中国数学教育

“我们试说有一位老太太，要到 20 个庙去烧香，庙与庙之间开辟 12 面体式的通道，一个庙只烧一次香，不能重复，怎样走才是最佳路线？”

他就是用这样通俗有趣的方式，把深奥的拓扑学理论介绍给中学教师。讲习班办了 3 个多月，每周一次讲两个小时。他把教材整理出版，这样其他不能来听讲的中学数学教师也能看到。

学员们零距离感受到一个大数学家是怎样讲课的。苏步青备课认真，讲话生动活泼，清晰有条理，黑板字一板一眼不潦草，而且懂得怎样激发听众的兴趣，使他们深受教育，深感从中可以学习优良的教学方法。

每次上完课后，苏步青都要和学员交谈，及时了解学员的学习程度。

苏步青对一些劝他不要太劳苦自己的朋友说：

“我苏步青剩下的时间都是人民的，举办讲习班就是做一点力所能及的工作。我这也只是‘千金买马骨’，希望能有更多的大学老师为培养中学教师做有益的工作。”

他就是这样地无私奉献于中国的数学教育。

再教育于江南造船厂

1972 年，苏步青到江南造船厂去接受批判和再教育。当时他已是 70 岁了！

在造船厂里,工人对他还是很尊敬,称他“先生”,要他给他们上与造船有关的数学课,免他去从事体力劳动。苏步青就替他们上了6个月的微分几何课。可是工人、技术员因程度不够,反映听不懂他讲的东西。

这时他反复考虑这样的问题:“为什么自己的数学知识不能直接为社会主义建设服务呢?”他后来发现是自己研究的东西脱离了实际。长期搞的是纯数学研究,从来没有接触到应用数学,真正面对实际产生的问题需要应用时却无能为力。因此他认为自己必须从头做起,深入了解问题来源。

他带了学生刘鼎元、华宣积、忻元龙等一起,爬上船台,与工人、技术员一起劳动,了解他们的实际需要。有一天,他到船体放样车间跟班劳动,了解到他们的辛苦,决心用现代科学技术进行船体放样改革。

最后他成功地和工人、技术员合作,把数学方法运用于船厂的技术革新。

他到上海工具厂工作,又为大家讲“微分几何”。

在“文革”期间,有许多不相识的年轻人写信给他,并寄给他论文,他偷偷写信去鼓励他们,并记下一些有才能的年轻人名字和地址。“文革”结束后,他推荐这些人去读研究生,这些人中有些成了后来中国数学界的精英。

写诗和数学研究

苏步青小时放牛,在牛背上背诵《千家诗》和《唐诗三百首》,古代诗人的写作技巧及“诗中有画”的意境使他钦佩不已。比如王维的“大漠孤烟直,长河落日圆”,把整个塞外壮丽景色呈现面前,而且对仗工整,令人觉得中国文字的意境之美。温庭筠的“鸡声茅店月，人迹板桥霜"这两句诗只有名词，而没有动词，却把乡野的冷清描绘得如画一般。

可是由于后来相信科学能救国，从中学毕业以后的二十年间，几乎不读文史诗词，一直到抗日战争时，他才开始常吟诵唐宋诗词，连清朝的《二十四家词集》在没有标点的情况下也通读了一遍。

这时他写了不少诗，填了一些词，例如在1938年底，他为躲避日寇，全家搬到家乡水头小南浦底的亲戚家居住，晚上听到燕子搏翼的声音，第二天就写了《燕子》一诗："燕子来何处，深宵宿我家。声嘶知路远，翼破想风斜。故里堂今废，新巢愿尚赊。江南云水足，莫再向天涯。"

1940年宾阳失守，匆忙出宜山，晚上抵达六寨已是除夕，他怆然写了《己卯除夕》一诗："瘴云蛮雨绕危楼，岁暮边城动客愁。画角声声催铁血，烽烟处处缺金瓯。贾生有泪终空洒，柳子安愚欲久留。梦里江南茅草岸，垂杨何日系归舟？"

他通过写诗词，表达对日本侵略者的愤怒，表现流离失所的痛苦，以及对抗战必胜的信心。他看到中学生有投身从军者，就写诗赠送："屏障洛阳犹被遮，几多壮士上轻车。中原逐鹿猖夷骑，东土睡狮警塞笳。不是空言能救国，终期胜战早还家。书生事业今仍在，漫把戍衣得意夸。"

在四处逃难、流离失所的抗战时期的一个端午节，他写了这样的诗："今节又重午，年年感慨多。空传哀楚赋，不见汨罗人。缠粽金丝细，浴兰香汗匀。龙舟何处觅，故里尚沉沦。"

在1986年时，有一个记者问他："您是研究数学的，偏重逻辑思维，而诗歌是属于形象思维，写诗和数学研究有何相通之处呢？"

他回答："这个问题，实际上是数学和诗歌的关系问题。我认为，数学是数学，诗歌是诗歌，两者截然不同，但它们今时体现在我身上，自有我的体会：

其一,搞数学的人,不能整天在数学里打圈转,我喜欢在休息的时候读点诗词,借以调节大脑的作用,像听一段轻音乐一样。

其二,数学是讲究逻辑推理的,诗歌也不能没有逻辑性。别的不说,押韵和平仄,就很有规律。不讲究格律,诗的味道就大为逊色,就会变成'味同嚼蜡'。

其三,读诗、写诗仅仅是我的业余爱好,并不妨碍科学研究的时间。"

事实上,苏步青就是靠读诗、写诗来作为生活的调剂,不管是在学校、宿舍,还是出差外地,旧体诗集常常陪伴他,给他增添生活乐趣。他爱喝酒,可是他说每当读到好诗佳句,就觉得味醇美甘甜,胜过绍兴陈酒。

台湾行

1945 年 9 月,苏步青以接收委员的身份去台湾接收台湾大学,同去的有罗宗洛、蔡邦华、陈建功等。

当他知道要被派去台湾接收台大,就写了一首诗:"乘槎汉使日边来,祖国旌旗岛上开。惟有夷兵三十万,一齐掉泪望乡台。"他在上海等了半个月,才东渡到台湾。

来到台北看到日本人的酒家,他写道:"岛国南来路几千,轻车夜系酒家前。绿灯商女知何事,犹舞东流旧管弦。"

他听当地人讲三百年前郑成功反清复明的史事,就写下:"古灯台下海云生,海鸟归飞入废城。国姓爷来三百岁,行人多少立安平。"

1946 年 3 月苏步青到台湾,他写道:"蜀云黔雨久离居,竹席纸窗三月余。望隔层楼青椰子,潮生曲水赤鲷鱼。心悲形役聊从俗,老被人嘲尚读书。惟有归软新赋好,宁忘安步可当车。"

从台湾回大陆,他乘飞机从台北到上海。在飞机上看到底下"美丽宝岛"的景色,他写了两首诗:

"一机起东海,双翼拂烟霞。过眼乡关隔,回头岛国赊。云藏青雁荡,雨湿古龙华。未必无愁思,薄寒江树斜。"

"不尽河山影,都从足下生。天开云路阔,翼顺雨丝横。破浪其他日,乘风快此行。太虚如可极,稳坐胜长鲸。"

1949 年,国民党当局撤退时,给他两张飞机票要他到台湾去,可是他却留在大陆,他要迎接新中国的到来。

苏步青的大哥苏步皋小时读书成绩很好,都以第一名毕业于平阳县立第一高等小学及浙江省立第十中学。他少年时代到日本著名的东京工业大学留学,由于成绩优异,获得该校创立 25 周年纪念奖。毕业后在日本纸厂实习,苏步青去日本读书,大哥可说是带路人。

步皋回国时先在上海、杭州的造纸厂工作,以后任军政部上海兵工厂、制药厂技师兼代主任,专门制造无烟火药。在北伐时,他多有发明,供应军需。1937 年卢沟桥事变,他创制人造汽油,供给国军使用,以后任浙江省化学工厂厂长,创制三酸硝碱,在军用和民间工业方面贡献很大。

抗战胜利后,台湾光复,苏步皋应台湾省长官公署的邀请,到台湾工作。最初在台湾林业试验所,后任工矿公司高级工程师,以及台南油料厂、沙鹿油脂厂及南港橡胶厂等厂的厂长。

尽管后来兄弟俩再也未见面,但苏步青对大哥的感情一直很好。

苏步青在浙江大学任教期间,教授微分几何学共 16 年。为了备好课,他总是把最新的研究成果写进教材。例如在 1928 年外国的一些新成果,就已被他写进 1931 年的讲义中。

当年浙江大学草创时期,数学参考书极其匮乏,他为了学生研究的需要,曾利用暑假去日本,在母校的图书馆里一字一句地抄回来 48 篇论文,足有 20 多万字。以后他就靠这些资料从事研究及带领学生。

1948年,他的讲义《微分几何学》由正中书局出版,陈省身还为此写了英文介绍说:“这是一本少有的微分几何教材,它对培养数学人才必将发挥很大的作用。”

事实上,这本书在台湾长时期被用作微分几何的课本,像项武义等数学家在年轻时都受到这本书的启发。

1988年,该书被翻成白话文重新出版,一本数学教科书四十多年后仍发挥作用,实属少见。

养生之道

苏步青幼年由于家境贫寒,营养太差,身体瘦弱,进入浙江省第十中学念书,就参加足球运动以锻炼体质。到了日本读书,尽量参加大学的体育活动:打乒乓、打网球、划船、溜冰、摩托车越野等。

他知道从事数学研究的人,往往坐的时间长,思考问题的时间多,没有健康的体魄很难持久工作。因此不管在什么时候和环境,他都坚持锻炼身体。

他在75岁之前,不管春夏秋冬,每天都要用冷水洗身。即使在冬天零下5度的天气,也要淋洗5分钟冷水,然后用毛巾把全身擦红。因此他很少感冒。

每天早上一起来,他就练习

平生未禮佛老始訪名山
列島屏千翠怒濤響万灘
瀛洲初日麗野寺晚鐘閑
寄語台澎友歸來風一帆
游普陀山寄懷台灣戚友作 蘇步青

苏步青在游普陀山时写的诗歌

“练功十八法”。天晴则在户外环境幽静、空气清新的地方练；遇到下雨就在室内或避雨的走廊练，每天坚持不懈。因此他走路轻快，到了 80 岁时，上五六层的楼房也不喘气。

除了练功之外，他每天还坚持步行两三公里。

他的身体健康情况真是令人吃惊：84 岁之前没有住过医院，牙齿坚固，没有掉一颗或补一颗，88 岁还可以爬上黄山。

他自己说几十年来坚持体育锻炼，并不是为了求长寿，而是把锻炼身体与为祖国的事业联系在一起，有了好身体就可以为国家的科学、教育事业多做点工作。他在 81 岁退到二线之后，觉得自己有余力，提出为上海市的中学数学教师举办培训班，以提高高中数学师资水平。

苏步青退休后当复旦大学的名誉校长，每天总要到学校去，从家里步行到复旦大学，来回行程约两公里，他每天就是安步当车，从不间断。晚饭后，还要带着小孙子在住宅四周走几圈。

如果外出开会，他往往就绕宾馆或者会场散步，以这种运动来休息，说既可放松精神，也可以促进血液循环。

他在 1975 年底曾患脑血栓，右手、脚都出现瘫痪症状。这 20 年来，除了按时服用丹参等中药外，还在晚上睡下和早晨起床前做按摩保健功。

每天早晨起床后，他吃一碗稀饭、一个鸡蛋和一杯牛奶，每天还要喝一两优质白酒，以促进血液循环。

日常饮食他坚决不吃动物内脏，当然，他也认为人要保持健康，就必须品尝各种食物，不可偏食，这样才能获得比较全面的营养。他对吃抱着这样的看法：“不愿吃的东西要吃一点，喜欢吃的东西要少吃一点。”

他说“练功十八法”是很普及的保健功，许多人都会做。如果要看这功的效力就必须做到常年不懈，不能三天打鱼、两天晒网。

对年轻人的期望

苏步青从事数学教育近60年，一直刻苦学习严格要求自己，也严格要求学生，他说："要多读书，要精读，学了就用，用中再学，使学生尽快超过我。这些年来，一批又一批的人才被培养了出来，人家说'名师出高徒'，不，是'严师出高徒'。高徒多起来了，就把我这个老头奉为'名师'，那就是：高徒出'名师'。"

在1987年的教师节，他感慨赋诗一首："三秋回首感怀深，转瞬教师节又临。改革九州红胜火，铺基四化贵于金。为民服务倾全力，举国勤培惜寸阴。欲尽余微垂老日，树人犹是百年心。"

在20世纪80年代，个别杂志和中学教师由于数学知识水平不够，向学生宣传三等分任意角的问题是一个还未解决的几何问题，有些中学生居然发现了能三等分角的方法，于是寄信给苏步青要求他帮助审稿，这种信多达300多封。苏步青只好写信、写文章告诉这些数学爱好者，不要在这个问题上浪费时间，这个问题早已用近世代数的理论解决了。

在"文革"时，有许多青少年没有读书学习，后来要学习却困难重重，有些人受到挫折就妄自菲薄。

苏步青鼓励他们："青年人，一时落后了，不要怕。后来居上，历来都有嘛。我欣赏《三字经》上说的：苏老泉，二十七，始发愤，读书籍。这个苏老泉，一直被耽误到27岁才读书，后来可是大文豪啊！名列唐宋八大家。

年轻人千万别自惭形秽，只要花出极大的努力，经受艰巨的考验，具备一定的条件，人人可做苏步青，而且超过苏步青。这是一定的。"

他鼓励学生热爱科学，要有献身的精神，他曾幽默地说："学问主要在乎你喜欢不喜欢。如果真正喜欢的话，总是有时间来钻研的。你们瞧,为什么青年人再忙总抽得出时间来谈恋爱呢?这就是因为喜欢。”

他鼓励年轻人应该兴趣广些,不要生活太枯燥,索然无味,无论以什么为职业,都应当懂得各方面的基本知识。

他说:“基础很窄的人派不了多大的用场;兴趣太偏,对专业不利,所谓‘高而细,则易倒也’。”

他曾经写了一首七绝:“历史长途走不完,高山外有更高山。直须磨尽皮和骨,养大儿孙好接班。”

20 世纪 90 年代,随着经济改革的不断推进,拜金主义、享乐主义向青年人侵蚀,以前聪明的学生要读数学,现在却反过来不想念数学了。而一些人还用“穷得像个教授,傻得像个博士”这样的俏皮话来表达“读书无用论”。

对一些短视的年轻人,他希望他们认识到“为学应须毕生力,攀高贵在少年时”,风物宜放长远量,不要追逐虚浮的享乐主义。

5 中国数学史家钱宝琮

积人积智几番新，算术流传世界珍。微数无名前进路，明源活法后来薪。存真去伪重评价，博古通今孰主宾。合志共谋疑义析，衰年未许作闲人。

——钱宝琮

小鸟无大志，亦无身外欲。翱翔数仞间，迎风避炎熇。掠水惊渊鱼，濯足波心碧。倦飞入林去，一枝栖已足。燕雀各自适，何必羡黄鹄。

——钱宝琮，1935年

中国算学与印度、阿拉伯、日本及西洋各国算学均有授受关系。

——钱宝琮

人类有“求真、求美”之天性，则有科学、艺术。中国士人知真、美之可贵，当以为真和美不宜分离。

——钱宝琮

正和欧美教材有其优点和缺点一样，苏联教材也有它的优缺点。现在把苏联教材捧上了天，似乎好得不能再好；把欧美教材踩下了地，坏得一无是处，这种不加分析的态度，我就不赞成。

——钱宝琮20世纪50年代初对于教材问题的发言

在学术上并不存在青年人、老年人的关系，应该展开争论。如果什么都听老年人的，那么就会一代不如一代。老年人也不应该以长者自居，不肯听取青年人的意见。当然，老先生可能有些经验，这是应该尊重的。

——钱宝琮20世纪60年代对弟子何绍庚的谈话

李约瑟推崇的杰出人物

钱宝琮

钱宝琮(1892—1974)，字琢如，浙江嘉兴人。中国数学史专家，数学教育家。中国古代数学史和中国古代天文学史研究领域的开拓者之一。1907年，他考入苏州的江苏省铁路学堂土木科。1908年，他抱着“科学救国”的愿望考取浙江省公费留学生，到英国伯明翰大学学土木工程，那时才16岁。1911年6月，钱宝琮获得理学学士学位，并就读于曼彻斯特工学院建筑系。但因家境问题未能继续读研究院课程，于1912年2月回国。

回国后，钱宝琮曾先后在多所大学任教，而且很快就从工程领域转向了数学教育领域，并于1928—1929年任浙江大学数学系首任系主任。27岁开始对中国数学史产生兴趣。他一头扎在数学古籍中，翻译《九章算术》，考据宋元数学，探究节气变化。

最早用科学研究方法研究中国数学史的不是中国人，而是美国的史密斯(D. E. Smith)和日本的三上义夫(Mikami Yoshio, 1875—1950)。1912年史密斯在美国《科普月刊》(*The Popular*

Science Monthly)上发表了短文"中国数学",第二年出版的史密斯和三上义夫合著的《日本数学史》(*A History of Japanese Mathematics*)中提到了中国数学史,而三上义夫的名著《中国和日本数学的发展》(*The Development of Mathematics in China and Japan*)最早系统论述中国数学史。此书是三上义夫的代表作,于1913年以英文出版。全书47章,分为两部分:第一部中国数学史21章,内容包括《周髀算经》、《九章算术》、《海岛算经》、刘徽割圆术、《孙子算经》、《张邱建算经》、《五曹算经》、《夏侯阳算经》、杨辉、秦九韶、《数书九章》、李冶、朱世杰、《四元玉鉴》、《数理精蕴》等。

三上义夫

三上义夫生于日本广岛县的一个地主家庭,幼年酷爱数学与语文。早年入学东北町大学附中,中学未毕业就考入东京数学院学习数学,阅读了一些英文、德文数学书籍。1905年转而研究日本数学史和中国数学史,饱读汉文和古籍。1911年入东京帝国大学哲学系。1913年用英文发表其成名作《中国和日本数学的发展》,影响了中国中算史的奠基者李俨和钱宝琮等人。他为促进中国和西方的数学文化交流做出了重大贡献。

那时中国有一个搞铁路工程的工程师李俨(字乐知,1892—1963),由于喜欢中国数学古籍,平日搜购钻研,想修治中国数学史。他曾在1915年写信给史密斯,打算和他合编英文的中国数学史,可惜第一次世界大战爆发,这计划只好中止。1916年,他发表了第一篇数学史论文"中国算学史余录",三年后另外一篇重要论文"中国数学源流考略"发表。李俨在1917年论及以往的中国数学史研究时说:"吾国旧无算学史。阮元《畴人传》略具其雏形,可为史之一部,而不足以概全。"而且,"顾吾国史学,往往于一人之生卒年月略而不详。有清一代诸畴人，多仅记其事迹而略其时代。”

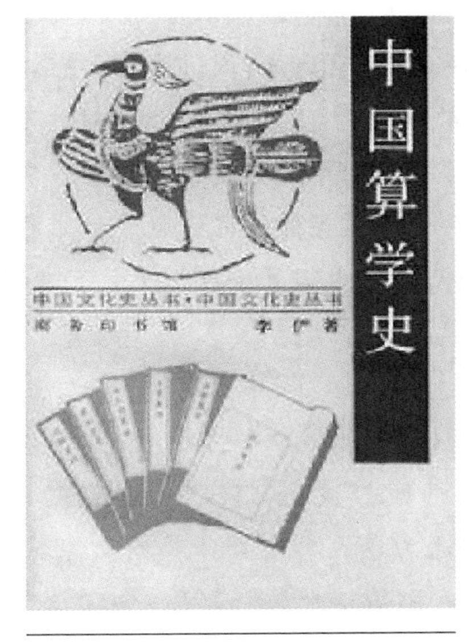

李俨的《中国算学史》

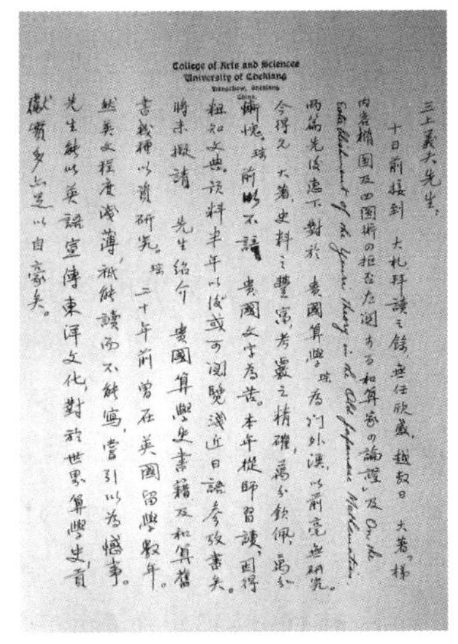
College of Arts and Sciences
University of Chekiang
Hangchow, Chekiang
China

三上義夫先生：

十日前接到 大札，拜讀之餘，無任欣感。越數日 大著，[illegible]
[illegible]の論證"及 On the Establishment of the Yenri theory in the Old Japanese Mathematics.
兩篇先後惠下。對於 貴國算學，琮為門外漢，以前毫無研究。
今得 大著，史料之豐富，考覈之精確，為之欽佩，為之
[illegible]。琮前此不諳 貴國文字為苦。本年從師習讀，因得
粗知文典。預料半年以後或可閱覽近日論參攷書矣。
將來擬請 先生紹介 貴國算學史書籍及和算書
若干種以資研究。琮二十年前曾在英國留學數年。
然英文程度淺薄，祇能讀而不能寫，嘗引以為憾事。
先生能以英語宣傳東洋文化，對於世界算學史貢
獻實多，[illegible]以自豪矣。

1928 年钱宝琮给三上义夫的信

差不多同时，从英国留学回来的钱宝琮喜欢中国数学古籍，也对中算史兴趣浓厚。2002 年陈省身说：“钱宝琮先生是有名的中国数学史家，专治中国算学史，在这方面是很有创见的。钱先生又是著名的数学教育家，是我大学的启蒙老师。”

1927 年 4 月，在南开大学任教的钱宝琮，收到了李俨先生的来信。我们可以从钱先生的回信中，得知这两位中国数学史研究先驱当时的研究心得与成果：

乐知先生：

八年前于《北大月刊》，得读大着，欣慰无已！琮之有志研究中国算学，实足下启之。数年以来，考证古算，得有寸进，皆足下之赐也。复经茅以升博士、裘冲曼先生、郑桐荪先生通函

绍介，足下曾两次惠书，琮实无状，未为一复。陈世佶《开方捷法　弧矢割圜》一册，去夏琮于暑假回南时托人抄写代寄，既付邮局矣。以所托之人，未将尊处地点写明，未得送达，退回敝处。琮返校后，又以时局不靖，恐有遗失，因循未寄。疏懒之罪，琮何敢辞！今足下复欲以大着《算学史》原稿，不耻下问，更使琮惭愧无地。俟大稿自北京寄来后，当拜读宏论。敢竭驽钝，略贡刍荛，以赎前愆，未悉执事能许之否也。琮十年以来，从事搜集中国算学史料，为写中国算学发达史之预备。最初以为中国算学，头绪纷挐，宜由分科研究入手。故有《方程术》、《百鸡术》、《求一术》、《计数法》、《周率研究》等篇，录登《学艺》杂志及《科学》杂志，以提倡中国算学史料之考证。继以算学全史不甚明了，则所述各科源流，支离割裂，不能免误。琮以前在《学艺》发表诸文，今日再为覆视，觉遗漏及武断处甚多。皆宜再事修正。故近年有所撰述，皆未发表。最近以科学社及南开大学理科之要求，勉将《〈九章算术〉盈不足术流传欧洲考》及《明以前中国算书中之代数术》二篇分别送出，不久当可公诸同好也。尝读东、西洋学者所述中国算学史料，遗漏太多，于世界算学之源流，往往数典忘祖。吾侪若不急起撰述，何以纠正其误！以是琮于甲子年在苏州时，即从事于编纂中国算学史全史。在卢永祥、齐燮元内战期内撰成《中国算学史》十余章。乙丑秋来此间教读。理科学生有愿选读中国算学史者，琮即将旧稿略为整理，络续付油印本为讲义。每星期授一小时，本拟一年授毕全史。后以授课时间太少，不克授毕。故讲义只撰至明末，凡十八章，印就者只十六章，余两章虽已写成，而未及付印。

……琮年二十，毕业于英国伯明翰大学之土木科。回国后本拟于工程界服务。然以机会屡失，未能如愿。民国元年以后，任苏州工业学校教员。最初担任土木工程课程。后乃改教算学。对于纯粹算学之研究，琮本无甚根柢。中国旧学如文字校勘、经史训诂、历史、舆地、天文历法等学问，尤属门外汉。近十年来以研究中国旧算学有兴趣，且知欲研究中国算书，非从考证入手不可。故于诸种旧学，未敢自弃。皆稍稍涉猎，以图寸进。友朋中同好者甚少。偶有一得之愚，竟无可与商酌者。知有西算而不知中国有算学者，无论矣。前辈先生中略知中国算法者，往往不事考证，知其流而不能溯其源。精于训诂史地者，复于数理之事非所素习，皆不能为琮助也。此琮所以有编纂中国算学史之心，而付梓则尚需稍待时日，徐图改善也。辱承以大着下问，拜读后定可得益不少。琮数年来未能解决之诸疑问，当可迎刃而解矣。拙稿虽未写定，似亦不宜久秘，兹特检呈一份，并附注最近意见数条。乞便中逐条教正，俾得交换知识，而收集思广益之效。尚希时赐玉音，以匡不逮。幸甚幸甚！《开方捷术》一册挂号寄呈，藉作贽敬，亦请哂纳。专此布陈。顺候撰安！

钱宝琮顿首

（民国）十六年四月二十九日

英国著名的中国科技史家李约瑟(Joseph Needham)在他的巨著

1964 年，李约瑟夫妇访问北京，受到郭沫若（前左三）、竺可桢（前左二）和钱宝琮（后左一）等人的会见（照片由英国李约瑟研究所友情提供）

《中国科学技术史》一书里谈到数学的部分时对钱宝琮推崇万分："在中国数学史专家中，有两个杰出人物，一个是李俨，一个是钱宝琮。钱氏的著作，在量的方面虽不及李氏多，但同样是优秀的作品。"

著名数学家吴文俊院士1992年在《纪念李俨钱宝琮先生诞辰100周年国际学术讨论会贺词》中指出："李俨、钱宝琮二老在废墟上挖掘残卷，并将传统内容详作评介，使有志者有书可读有迹可循。以我个人而言，我对传统数学的基本认识，首先得于二老著作。使传统数学在西算的狂风巨浪冲击下不致从此沉沦无踪，二老之功不在王、梅(指清初天算大家王锡阐、梅文鼎)二先算之下。"又说："几乎濒临夭折的中国传统数学，赖王梅李钱等先辈的努力而绝路逢生并重现光辉。"

出身不富裕的家庭

钱宝琮

钱宝琮生于光绪十八年(即1892年)。祖父钱笙巢原来是小商人，后经商致富，购买了田产并开米行、油行。他生了五男一女，钱宝琮父亲迪祥排行最小，只读过私塾，以后成人从未工作，靠所分的二百多亩田产田租过活，并不富裕，后来供养钱宝琮及弟、妹上学，还要靠向亲友借贷才能维持。

钱宝琮的母亲陈兰征，略识文字，为人淳朴，待人宽厚。钱宝琮的父亲虽然是一个小地主，可是经常阅读上海的《新闻报》和一些进步报刊，以了解国家大事和世界潮流，思想比较开通，相信"维新能救中国"的道理。他希望自己的孩子长大之后，要学习新知识，学习科学，熟悉"洋务"，最好做一名工程师，为国家振兴实业。因此宝琮和他的弟妹从小就到新式学校去受教育。宝琮6岁在私塾开蒙，读过《论语》《孟子》等古代典籍，也学过算术、地理、历史、英文等新课程。

1903年，11岁的他考入嘉兴府秀水县学堂学习，至1906年冬达相当于旧制中学毕业的程度。1907年春又考入苏州的江苏省铁路学堂土木科，学习成绩优异，时常获奖。在那里他曾参加抗议清政府丧权辱国借款筑路的运动。

1908年夏天，浙江省第一次招考20名留欧美的官费生，钱宝琮参加考试因数学成绩特优而被录取，那时才16岁，是年纪最小的一名。9月，与后来成为各界英才的翁文灏、胡文耀、徐新陆等8位考生由上海启程，搭乘“利照”号大轮赴欧洲。他10月初进入英国伯明翰大学土木工程系，当时英文还讲得不好，可是他却跳级进入二年级学习，令当时一些英国人觉得惊异。他不到3年就毕业，获得理科学士学位。在回国之前，他又到曼彻斯特工学院建筑系学习，但因家境问题未能续读研究院课程，于1912年2月回国，当时他还不满20岁。

最初他先在杭州的浙江省民政司工程科任职，想谋取工程师职位，后愿望未能实现。他年纪轻不善官场应酬，又不想做官，遂即自行离职往上海南洋公学（现上海交通大学前身）附属中学任数学教员。同年8月，经唐在贤介绍到苏州的江苏省立第二工业学校（后改组为省立苏州工业专门学校）任教，讲授土木工程兼代土木工科主任，一年后辞去代主任职务。1916年前后，学校增加数学课程，钱宝琮自荐兼教初等代数。此后，他教数学的兴趣越发浓厚，至1920年他在校每周20学时课就完全是教数学了，并且兼任该校附属高中部教务主任，兼教高中数学。1925年8月，经姜立夫介绍，北上天津任南开大学数学系教授，开设微积分、微分方程、整数论、数学史和初等力学等课程。

怎么会对中算史产生兴趣

此时,钱宝琮已在从事中国数学史研究。他自己曾说:“1919年的五四运动大大启发了我。我到书店去买新出的杂志看,并且买全部再版的《新青年》,尤其喜欢看胡适、钱玄同等的文章。我那时忽略了陈独秀、李大钊等的文章……我得到了‘新思想’后,推翻以前的‘保存国粹’的想头,渐渐知道‘整理国故’、‘发扬国学’的必要。努力学习清代汉学家的考证工作,准备研究中国古代数学的发展历史。”他常到书店收集中算古籍,为研究中国古代数学的发展历史做准备。

20世纪20年代初,钱宝琮陆续有研究论文问世。“九章问题分类考”、“方程算法源流考”、“百鸡术源流考”、“求一术源流考”、“记数法源流考”和“朱世杰垛积术广义”6篇分科探讨源流的论著,发表在1921年和1923年的《学艺》杂志上,这是他最早的一批数学史研究文章。

中华学艺社于1927年决定将此6篇作为该社第15期学术汇刊,以《古算考源》书名出版。1928年他在《古算考源》一书的序里提到:“宝琮年二十,略知西算。任教苏州工业学校时,偶有旧书肆购得中国算学书数种。阅之,颇有兴趣。遂以整理中国算学史为己任。”钱宝琮又撰写了《校正与增补》7条,附录于那6篇之后。1930年6月商务印书馆发行了该书,并于1933年和1935年两度再版。

钱宝琮年轻时怀着“科学救国”、“教育救国”的想法,对明朝徐光启论说中国数学从唐元开始衰退,一直到明朝而不振,感慨万分。他认为:“在五百年前我国尚为世界一先进国家,至今则近世科学不能与西洋各国并驾齐驱,文化落后为天下笑。”并对这个问

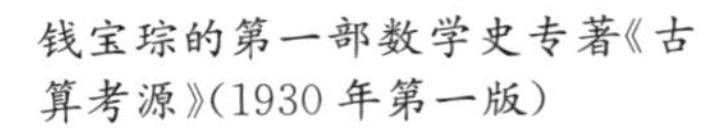
钱宝琮的第一部数学史专著《古算考源》(1930 年第一版)

钱宝琮《中国算学史》上卷(1932 年出版)

题之根源做了探讨,如“中国人自发之科学知识,皆限于致用方面而忽略纯粹科学之探讨。中国四千年真积力久之文化,大致与罗马帝国文化趋向相同,而缺少古希腊人与文艺复兴时代以后之欧洲人学术研究之精神”。他还试图提出解决问题的“办法”:“文化界工作者当知埃及、巴比伦、希腊、罗马各国学术之所以始盛而终衰,欧美列强及日本之所以崛起于近世,勿再以‘中学为体,西学为用’为口头禅,则文艺复兴之期当不在远。”他认为数学的发展不可能是孤立的,与其他学科像天文历法都有关系,因此他写了“甘石星经源流考”、“太一考”、“汉人月行研究”、“论二十八宿之来历”、“授时历法略论”、“盖天说源流考”、“从春秋到明末的立法沿革”等重要论文。

此后,他继续在中国数学史和中国天文学史领域辛勤耕耘数十年,获得了丰硕的成果,为中国科学史这一学科的建设和发展做出了巨大的贡献。他虽痛惜中国古代数学的辉煌难以为继,却坚决尊重学界规则,反对将一般形式的"勾股定理"的发现权归中国古人。

任南开大学数学系教授

姜立夫

1925 年 8 月,经姜立夫介绍,钱宝琮结束了他苏州工业专门学校 13 年的教学生涯,接受张伯苓校长的聘书,担任私立南开大学算学系教授。姜立夫(1890—1978),浙江省平阳县人,数学教育家,南开大学数学系的创始人,曾任中央研究院数学所所长。

这年秋天,南开大学科学馆"思源堂"落成,于校庆 6 周年纪念日开幕。"科学馆之设立在中国为创举。"南开大学也经"胚胎"、"发育"的初创阶段,转向"成长"的发展时期。是年,教育部视察员来校视察设备、行政、教员、学生、经费、校风等后,在北京《晨报》对记者"总评"南开:"就中国公私立学校而论,该校整齐划一,可算第一。"南开大学《理科学会周年纪念册》对那两年算学系的情况则有如下记述:

"十四十五年间理科学生人数逐渐增多。算学为理科各系基本学程,教授时间不敷分配,乃先后增聘靳荣禄及钱琢如两先生。靳先生留校半年,曾授实变函数论,惜授未毕,以事他去。犹幸钱先生继来,添授中国算学史及整数论等,均受同学之欢迎,姜先生始得休息之机会。姜先生来校六年,操劳过度,甚感疲乏,是年秋乃应厦门大学之聘,告假一年,藉以调换空气。在此期中算学功课由钱先生及教员申又枨先生分担。"

由此可见:钱宝琮的到来,对当时的算学系说来,可谓"雪中送炭",改变了南开大学算学系"一人一系"的局面。靳荣禄在 20

世纪 60 年代以靳宗岳的名字在新加坡南洋大学数学系教书，曾担任过系主任。

钱宝琮 1927 年摄于天津

1925—1926 学年，姜立夫和钱宝琮共事甚欢。姜讲授平面解析几何学、高等微积分、复变函数论，钱讲授代数方程解法、最小二乘法和中国算学史。两位教授协作共为理科学生讲授初等微积分，钱还接替原由靳荣禄、刘晋年所任的初等解析算学。这一年，钱宝琮每周最多 9 学时课，时间比较充裕，于是编写出《中国算学史讲义》并出版了油印本。他的中国算学史课讲述“中国自上古至清末各期算学之发展，及其与印度亚拉伯（今译阿拉伯）及欧洲算学之关系”，很受学生欢迎。

江泽涵听过这门课。他毕业后随姜立夫到厦门工作时，曾给钱先生写信向他请教，说想跟钱谈数学史的问题。钱宝琮后来给江复信，说：“你暂时不要谈，不要搞数学史，你还是忙你的吧！”半个多世纪后，江泽涵回忆说：“所以我把学习中国数学史搁下来了。不过，想学点数学史的念头，从那时就有了。”

钱宝琮在南开，先后开设了代数方程式解法、微分方程式解法、整数论、最小二乘方术、初等和高等微积分和初等力学、初等解析算学等课程。当时在南开一起教书的还有饶毓泰（1891—1968）、杨石先（1896—1985）、蒋廷黻（1895—1965）、汤用彤（1893—1964）、徐谟（1893—1956）、竺可桢（1890—1974）、范文澜（1893—1969）等。当时南开大学数学系以脚踏实地见长，培养出陈省身、江泽涵、吴大任、申又枨等不少著名数学家。

苏步青说：“在豺狼当道、军阀误国、帝国主义列强劫掠中华的苦难岁月里，宝琮先生经常在课堂上用生动的语言、典型的事例，满腔热情地宣讲中华民族的悠久历史和灿烂文明，介绍中国古代光辉的数学成就,教育学生正确认识我们的伟大祖国,珍视中华民族优秀文化传统,鼓励学生奋发图强,争取成为对祖国繁荣昌盛有所贡献的有用之材。既教书又教人,结合教学培养学生的爱国主义思想,正是他教学工作的一大特色。”他还说:“宝琮先生数学教学工作的另一特色是重视实际,重视计算。他讲授微分方程,不仅教给学生复杂的数学理论,还阐述微分方程怎样来自实际,它的解又有什么物理意义,使学生获得比较全面的知识。一般教师谈到求代数方程的近似根问题,经常取整系数方程作示例。而宝琮先生认为实际问题很少恰恰有系数为整数的情形,因而喜欢采用系数为小数的题目,藉以提高学生的实际计算能力。在当时风气偏重理论的情况下,这种理论联系实际培养基本技巧的想法和做法,是非常难能可贵的……”

钱宝琮很注重教学方法,特别是非常注意调动学生学习的自觉性和主动性,善于启发学生自己的思路。他讲课深入浅出,通俗易懂,旁征博引,把比较枯燥抽象的数学内容讲得透彻生动,饶有风趣。

苏步青还这样评价钱宝琮:“在平常与学生接触时,宝琮先生平易近人,有说有笑,谈古论今,妙趣横生,使学生对他怀有浓郁的亲切感。这种十分融洽的师生关系,是搞好教学工作的重要基础。”

钱宝琮这时加强了关于数学中外交流史的研究。他为南开中学高中丙寅班数理化学会所作的演讲“印度算学与中国算学之关系”,就刊载在1925年12月的《南开周刊》上。他认为,中国古代数学是世界数学史的一部分,它曾通过印度和阿拉伯传到欧洲,对世界数学的发展做出了贡献。因此,研究中国古代数学史必须把这个问题弄清楚。1927年6月,他在《科学》月刊上发表“《九章算术》盈不足术流传欧洲考”也是由此出发的。钱宝琮的研究实事求是,影响深远。他主编的《中国数学史》于1964年出版。其中,曾用一章篇幅论述并连举出14项证据,证明印度数学曾经受到中国数学的影响。这个论断,近一二十年已逐渐为国内外学者所接受。

在南开大学时期，他还进行了有关天文历法的研究，其成果在 20 世纪三四十年代相继问世。

这一时期，钱宝琮一人住南开。他有时去宙纬路的嘉兴同乡——老同学陈宝桢家。钱宝琮和陈宝桢是旧时同学，所以常去陈家。一次，他看到陈之长子陈省身读的数学课本有霍尔和奈特(Hall and Knight)的《高等代数》，觉得陈省身数学程度不差，便用嘉兴话说："这先生是考究的。"并鼓励陈省身投考南开大学。他对陈省身说，"可以同等学力资格，直接投考南大一年级。"陈省身采纳了这一重要建议。

20 世纪 60 年代，陈省身已成为国际著名的数学大师，他在台湾回忆少年往事曾经说过："因为只上过四年中学，北洋只准我考预科，南开却许我考本科，等于跳了两班。这自然对我后来之进南开，有很大的关系。"

1926 年秋，姜立夫去厦门大学任教。这时吴大任、陈省身等人考入南开大学理科，都成为钱宝琮的学生。钱宝琮是算学系唯一的教授，他 1926—1927 学年讲授了初等微积分、高等微积分、微分方程、整数论和初等力学五门课。陈省身先选了他的初等微积分，不久因怕做化学实验，退选定性分析，又选其初等力学。陈说自己"惟每跟数学有关"的课就没有困难，因此学得轻松、主动。吴大任则有记述：当时算学系图书甚丰，"中算旧书约五百册"，"钱琢如先生担任算学史，来校已历二年，师生相得甚欢"。这一学年初，理科同学的"科学研究会"改组为"理科学会"，凡理科同学皆为会员。与此同时，理科教授组织的"教授学术讨论会"，亦于每两星期举行一次。"其内容为各教授将各人研究心得，或将科学界近状作有系统之研究，宣读于众，以作讨论资料，其目的在欲为将来进行科学研究先树基础。"杨石先教授开"首讲"后，钱宝琮于 10 月 21 日作题为《余分记法之源流》的第二次演讲，邱宗岳、饶毓泰、李继侗、陈问聃、竺可桢诸教授均相继报告研究心得。翌年 5 月，钱又作“金元之际中国代数术”学术报告。他孜孜不倦地在南开致力科学教育和研究工作两年,令师生难以忘怀。

钱宝琮教书善于启发学生的思路,能把枯燥无味的数学,用深入浅出、通俗易懂的方法,再加上幽默的语调,讲得生动有趣。

他对学生要求严格,好学生、好的学习方法及解题方法,一定在课堂上表扬。对一些学习马虎的学生,写的科学作业中若有文句不顺或写错别字,也要受到他的严厉批评。但平时与学生接触,他却平易近人,有说有笑,关心他们。

在浙江大学任教

1927年9月,钱宝琮与竺可桢、汤用彤等同去南京第四中山大学(后改为中央大学)工作,任数学系副教授。后因对于大学里的派系斗争感到厌倦,又经姜立夫介绍,于1928年8月转任杭州浙江大学文理学院数学系副教授,后升任教授,其间于1928年起任浙江大学数学系主任,为浙江大学数学系的创建和发展,做出了重要贡献。但仅任职一年即行辞去这一职务。钱宝琮在1928年参加筹建第三中山大学文理学院(这是浙江大学的前身),并担任首届数学系主任。浙大学子、科学史家许良英先生在给钱宝琮之孙钱永红的信中写道:钱宝琮“早年留学英国,学的是工程,回国后教数学。浙大1928年设立文理学院后,聘他为数学系主任。以后陈建功在日本获数学博士,你祖父把数学系主任让给他。几年后,陈建功又把系主任让给更年轻的苏步青。你祖父开的这个好头,令人钦佩。你祖父给我的印象是淡泊名利,朴实无华,体现了一个真正科学家本色”。

1939年,学生张素诚、方淑姝、周茂清和楼仁泰在广西宜山毕业,钱先生欣然赋诗《欢送数学系毕业同学,以四生姓氏为韵》,以祝贺陈建功、苏步青两位教授桃李天下。他还亲笔书写此诗分送四生。诗中也反映了浙大“西迁”的艰苦，对学生寄予厚望：

> 象数由来非绝学，群材挺秀我军张；天涯负笈传薪火，适意规圆与矩方；
>
> 黉舍三迁乡园异，师门四度日星周；竿头直上从兹始，稳卧元龙百尺楼。

经过钱先生和后来校方聘请的陈建功、苏步青等先生近10年辛勤耕耘，浙江大学数学系颇具规模，享誉国内外。

在抗日战争时期，浙江大学在校长竺可桢(1890—1974)的带领下，被迫四次西迁。他们曾到过江西的泰和、广西的宜山及贵州的遵义、湄潭等地。竺校长带领七百多位师生，艰苦万分，每到一地，因地制宜，或在破庙或在山洞开课。竺校长任劳任怨，为学生、老师的生活安全而操心，却无暇顾及自己和家人，他的夫人张侠魂和幼子竺衡就是在泰和患恶性痢疾而逝世的。他不止一次在自己的日记本上记载着教师家眷的人口数，及生活有无困难，对于民间疾苦也关心。到了赣江上游的泰和，知道江水年年泛滥危害百姓，

第二年預算數六千元，
(五)教職員
校長
蔣夢麟
院長
邵裴子
教員
中國語文學門
劉大白(副教授)
鍾敬文(講師)
外國語文學門
佘坤珊(英文副教授—兼授法文)
陳政(德文兼任講師)
(日文兼任講師)
數學門
陳建功(副教授)
錢寶琮(副教授)
楊景才(助教)
物理學門
張紹忠(副教授)
王守競(副教授)
朱福炘(助教)
國立浙江大學文理學院要覽

《国立浙江大学文理学院要览》(1929年版)

浙江大学欢迎苏步青加入数学系(1931 年),前排左四为苏步青,左五为钱宝琮,左三为陈建功

1937 年拍摄的全体师生的合影相片(前排左八为钱宝琮)充分反映了数学系的兴旺现象

就发动土木系师生一起建造一条防洪长堤,制服水患。在宜山住下时,日军在校舍投下了一百多颗炸弹,竺可桢提出“求是”作为校训,要学生有奋斗、牺牲、革命和科学的精神。

1938 年 5 月,钱宝琮主动为学生熊全治争取中英庚款资助,终获竺可桢校长批准。

抗战期间,钱宝琮一家于 1937 年冬随浙江大学西迁,辗转浙江建德,江西吉安、泰和,广西宜山,贵州遵义、青岩、湄潭、永兴等地，在很艰苦的条件下开展教学和研究，其间曾兼任浙江大学永兴分部一年级主任、湖南蓝田师范学院数学系代理主任等职。抗战胜利后，浙江大学师生员工陆续返回杭州，钱宝琮也于 1946 年夏回到杭州，仍在浙江大学执教，讲授数学。

从 20 世纪 20 年代到 40 年代，钱宝琮曾参加中华学艺社（周昌寿介绍，1921 年）、中国科学社（茅以升介绍，1923 年）、中国天文学会（何鲁介绍，1927 年）和中国数学会（是发起人之一，上海，1935 年）等重要学术团体，并曾担任数学名词审定委员会委员、中国数学会评议会评议员、《科学》杂志和《数学杂志》编辑等。1956 年奉调进京，任中国科学院中国自然科学史研究室（自然科学史研究所前身，时属中国科学院历史二所）一级研究员、中国自然科学史研究委员会委员、《科学史集刊》主编等职。他是国际科学史研究院（巴黎）通讯院士（1966 年）。

钱宝琮业余从事中国数学史研究，并对古代天文、历法有研究。从 1921 年开始，在《学艺》《科学》等杂志上发表对中国古算研究的论文，1930 年、1932 年相继出版了《古算考源》《中国算学史》（上卷）等著作。

他从英国回来之后，不再穿西装。在当年，许多国人以穿西装为时髦，可是他却认为中山装和西装一样好，他到外国留学是为了学习科学知识，而不是为了学习西方的生活方式。

浙江大学在抗战前期尚不能与其他著名国立大学比肩而立。在竺可桢任校长的 13 年中，浙大经历艰苦卓绝的抗日战争，四迁校址，在千里跋涉中艰难办学。竺可桢校长在“求是”的校训下，选贤任能，聚集起一大批一流教授人才。到了抗日战争结束时，这所还在西南一隅的浙大，已跨入中国一流大学的行列。1944 年，李约瑟博士两次到贵州湄潭、遵义参观考察浙大的科研情况。他对钱宝琮甚为敬重，对中国人民在那么困苦的日子还能从事科研教学，并且获得优秀成果极为称赏，他说浙江大学是“东方的剑桥”。

钱宝琮爱写诗,1941年,在贵州湄潭过的日子非常艰苦,大家是靠地瓜(闽语:番薯)蘸盐巴过日子,而且他要养老母及七个儿女,全家十口,只靠一个人的工资维持。他当年写了一篇《煨红薯》,今天读来,那种苦中作乐、忧中自嘲的乐观精神,跃然纸上:

甘脆肥脓肠腐,淫邪奢侈身煎。此日当共艰苦,养生还须养廉。何不回家吃煨薯,温淳细腻味香甜。手灼热,口流涎,晚食先逢可口,充饥十足安全。

教学讳言新义,讲坛敷说陈编。任尔金针度与,总如投石深渊。何不回家吃煨薯,温淳细腻味香甜。下教室,莫留连,老母倚闾候望,呼儿自取炉沿。

天下滔滔皆是,时艰泄泄无然。哪顾他家恩怨,要全自己性天。何不回家吃煨薯,温淳细腻味香甜。风飒飒,雨绵绵,闭户自尝珍味,会心不落言筌。

有时兴来访友,主宾让座推迁。商略湄红潭绿,诙谐北陌南阡。何不回家吃煨薯,温淳细腻味香甜。风窗下,行灶前,适意原足千古,谁谙礼数周旋。

懒残煨芋衡岳,李泌异而问焉。胜地高人雅事,偏为名利拘牵。不如在家吃煨薯,温淳细腻味香甜。此时乐,不羡仙,且喜天伦共叙,遑论贵贱他年!

阿三晚温唐史,阿四知慕宋贤。五儿勤习象数,年轻未解穷研。山妻捧出煨红薯,温淳细腻味香甜。书桌上,油灯边,分食每人半个,夜凉肚暖安眠。

浙江大学西迁遵义、湄潭后,始获安定,教授们工作之余,过从渐多,相互切磋诗艺,诗兴盎然。在钱宝琮、苏步青的组织倡导下,于1943年2月28日自愿成立了湄江吟社。吟社社员初为七人,继增为九人,"旨在公余小集,陶冶性情,不有博弈,为之犹贤。"

1943 年 2 月至 10 月，吟社共举行 8 次诗会，轮流作东，拈阄择韵，赋诗填词 100 余首，汇集成册，题名《湄江吟社诗存》第一辑，实现了吟社“记存一段文字因缘，藉为他日雪泥之证”的初衷。

首次社课，以朱文公诗“无边光景一时新”七字为韵，自由命题。钱宝琮得五言七首：

山川兴不孤，翰墨以相娱。文物湄潭盛，归心无日无。
湄江旧盟友，和韵欲蝉联。语妙能医俗，移情水竹边。
文会事寻常，难期在异乡。南明大错辈，邑乘乞余光。
休笑广文冷，废书迷簿领。洗眼看青山，初昏足烟景。
俟命心暇逸，焉知马得失。达人观万物，成毁通为一。
曲辕不材木，行者诟厉之。荣悴寄于社，保无翦伐时。
贻讥等自郐，困穷犹在陈。闲愁无处着，诗思得常新。

第三次集会是 4 月 18 日，以送春为题，限“何”字韵。钱宝琮先生作《送春得何字》：

声声布谷唤伊何，燕语莺啼怨正多。芳草有心难报答，落花有意但婆娑。惜阴欲奏通明殿，向暮空挥返日戈。文士不忘春浩荡，尚余来月号清和。

无书无米的艰苦日子

1937 年 11 月，日军侵占嘉兴，钱家被烧毁，他二十多年收藏的 250 多种古代数学书全成灰烬。1946 年，他在回忆时写了这样的诗句：

丈夫不得志，但有书作伴。虽非群玉府，涉猎见璀璨。丁丑倭寇深,四海蒙国难。兵氛满家乡,流亡空里闬。吾庐乃焚如,烈焰何人煽。最怜环堵书,弃置任凌乱。网罗垂廿年,缥缃毁一旦。善初鲜有终,多聚不如散。去国日悠悠,回望再三叹。余年二十七,始读《畴人传》。象数学专门,不绝仅如线。千古几传人,光芒星斗灿。每获算氏书,什袭森爱玩。册府宝元龟,残帙备明算。集成历法典,史志赖贯穿。编目若水齐,辑遗海山馆。珍本或丛残,故纸多断烂。同具汲古功,奚为分畔岸?九数培本原,四元畅条段。钻研意颇严,创述迹重按。尚论昔贤踪,文献得殊观。自谓坎井乐,一壑希久擅。所撼闻见窄,未能破万卷。搜奇日有益,积薪更何惮。不图天压之,藏舟遁夜半。群籍古无存,一辞谅难赞。久客坐蹉跎,东归增愤惋。饮啄愧残生,杜陵有明断。

在避战祸的日子里,自己所藏的珍贵书籍被日本侵略者的炮火毁于一旦,他写了《无书叹》一诗:"西征客似打包僧,维护巾箱力不胜。汲古苦无深井绠,守残空对短檠灯。关山万里成何事,著述千秋愧未能。犹有闲情亲笔砚,推敲诗眼学模棱。"

苏步青当年写了一首《水调歌头》,庆贺钱宝琮任教浙大15年:"白露下湄水,早雁入秋澄。桂香鲈美时节,天放玉轮冰。求是园中桃李,烟雨楼头归梦,一十五年仍。何物伴公久,布履读书灯。西来客,吟秀句,打包僧。文章溯古周汉,逸韵到诗朋。好在承欢堂上,犹是莱衣献彩,瑞气自蒸蒸。回毂秀州日,湖畔熟莼菱。"

在1940年,钱宝琮随浙大来到贵州青岩。他以一首《吃饭难》的诗,记录了当时极为清贫的生活:

黔南物力艰,生计慎挥霍。迩来困征输,物价尤腾跃。旅食至青岩,米贵不亚筑。谁怜臣朔饥,委顿侏儒禄。五人共膳食,日计升半粟。何以佐白粲?四簋一羹膗。太常多斋日,下箸厌蔬簌。白菜黄豆芽，番薯胡芦菔。点缀肉零星，量少味自薄。相互劝加餐，努力果吾腹。五人月百金，肥甘尝不足。有家固多累，无家累更酷。故人具鸡黍，推食食茕独。欲使饕餮徒，染指鼎中餗。风味本家常，餔啜叨口福。主人殊殷勤，难为客不速。时或过酒家，开樽招近局。翁意不在酒，而在鹅与肉。肴蔌和椒麻，烹制拟巴蜀。食单无多味，遑论备珍错。所费已不赀，即此难频数。长安居不易，其病在征逐。今之声色场，无以娱耳目。徒为糊口计，遭遇乃穷蹙。明年舍之去，还就浙水曲。置我莼鲈乡，饮膳恣所欲。

这里所写的，与他在1949年写的“最怜教育家，有似丧家狗”，对曾经经过那段流离困苦的人来说，回想起来还是令人心酸。

1945年端午时节，钱宝琮在贵州湄潭，思念故乡嘉兴，赋《端午》诗一首：

三百六十日，斯辰殊可珍。挺生王镇恶，愤死屈灵均。慷慨摧强虏，忠诚却暴秦。余情千载下，肝胆欲轮囷。

钱宝琮存稿百余首，自题《骈枝集》，后以《钱宝琮诗词》为名刊行。

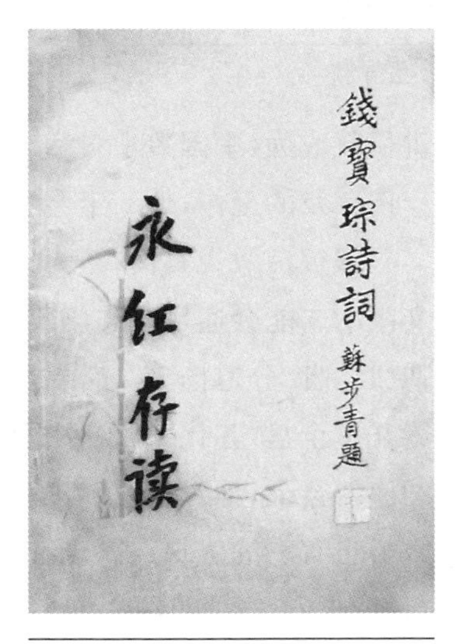

诗友苏步青题签的《钱宝琮诗词》

战后的日子

抗战胜利后，特别是新中国成立后，工作条件有改善，他在报

刊上发表了一系列介绍中国古代数学成就的文章,还专门从杭州浙江大学到上海的大学去讲授中国数学史。

返浙后,钱萌发了从事专业研究的想法。竺可桢担任中国科学院副院长后,直接请示周恩来总理并与教育部协商,极力推荐钱宝琮到自然科学史研究室从事数学史研究。1956 年,他奉调进京,成为一级研究员,终于实现了自己的愿望,从此专心致志地从事科学史研究,先后发表重要论文 10 余篇。著有《中国数学史话》《算经十书》(校点),主编《中国数学史》《宋元数学史论文集》《算术史》(稿本未发表,"文革"中遗失)。他平日除了从事科学史研究工作,也到北京师范大学开设为期一年的数学史课程,后来这些讲稿就成为《中国数学史话》的材料。只要有机会能做中国数学史宣传普及的工作,他一定会不辞劳苦去做的。

竺可桢

钱宝琮敢说真话,认为抗战当时学校的课程中,科学训练与人文陶冶未能会通,"有志学理者忽视文艺,有志学文者忽视科学",造成二者"分道扬镳",后果恶劣。20 世纪 50 年代初,他对于教育界几乎全盘"苏化"的现象提出质疑,在一次讨论苏联教材优越性的座谈会上,他发言说:"正和欧美教材有其优点和缺点一样,苏联教材也有它的优缺点。现在把苏联教材捧上了天,似乎好得不能再好;把欧美教材踩下了地,坏得一无是处,这种不加分析的态度,我就不赞成。"

他用几十年时间校点的《算经十书》由中华书局出版,他主编的《中国数学史》和他组织的《宋元数学史论文集》,也相继于 1964 年和 1966 年由科学出版社出版。在完成这些工作之后,钱宝琮接着提出了编撰《明清数学史论文集》的计划,并打算在这些专题研究的基础上,重新增订《中国数学史》。遗憾的是,这种研究数学史

钱宝琮 1951 年全家福：钱宝琮母亲（坐者），钱宝琮（右四），钱宝琮夫人（右五），小女儿钱灿（左一）

的可喜局面没有维持多久，十年浩劫突然开始，于是研究工作被迫全部陷于停顿。

当时，由于钱宝琮做了大量的专业数学史研究，并得以发表，在国内外学术界产生了很大影响。1966 年 10 月 15 日，钱宝琮当选为国际科学史研究院通讯院士。

"文化大革命"期间，钱宝琮被打成"资产阶级反动学术权威"受到迫害。1969 年底，他被"疏散"到苏州其子克仁处。此时，相伴 54 载的钱夫人朱慧真因忧虑成疾，已于前一年去世。

2009 年 1 月 2 日《嘉兴日报》记者访问钱宝琮的孙子钱永红，谈到他祖父被迫"疏散"离开北京来到苏州的情景：

"'文革'期间，驻中国科学院哲学社会科学部的军宣队要求所有研究人员去河南的五七干校劳动改造。当时，无论思想通不通，都已报名，唯独祖父纹丝不动。不少好心人怕他再次挨批，劝他报名。祖父说：'我年近八十，生活尚难自理，报名岂非徒具形式，还是讲一点实际好。'他向军宣队提交了'疏散'至苏州我父亲家的申请书。1969 年 12 月 31 日，祖父孤身一人乘火车南归。

在我家那几年，祖父喜欢给我讲述中国历史上具有世界意义

钱宝琮(前排左二)于1970年在苏州最后一次与家人合影，前排右二为儿子钱克仁，右一为幼孙钱永红

的科学成就，跟我谈起与华罗庚的学术交流，与陈省身家的交情等。在那个‘知识越多越反动’的年代，祖父的讲述成了我最初的科学知识启蒙。

1971年春，祖父中风在床。两年后，他大小便失禁，生活上我照顾得更多，所以他对我感情很深。1973年12月28日晚，再次中风病重的祖父一直喊我的小名‘娃娃’，我母亲问他有什么事要说，祖父仍然只喊我小名，没有再说过一句话。八天后祖父在医院过世，想是他那夜要交代我什么吧。我在心里是把编撰《一代学人钱宝琮》当作他当年给我的嘱托。”

1974年1月5日，钱宝琮病逝于苏州医学院第一附属医院，享年82岁。去世后骨灰安葬于八宝山革命公墓。

钱宝琮先生从教前后40余年，桃李满天下。在他的学生中，有著名数学家陈省身、江泽涵、吴大任、申又枨、孙泽瀛、程民德、张素诚、谷超豪等，著名数学家华罗庚也以师长事之，对他十分尊崇。

钱永红费时六年精心编撰《一代学人钱宝琮》，作为《李俨钱宝琮科学史全集》的补遗，收录了钱宝琮各时期的论文、讲演稿、教学讲义、书信、诗词等文献，内容涵盖数学史、天文历法、物理学史、音律、数学教学法、科学史理论，以及数学大师、著名学者、钱宝琮门人弟子回忆钱先生的论文、诗词、书信、读书(听课)笔记和钱永红整理的《钱宝琮年谱》等内容,共计 83 万字,于 2008 年 11 月由浙江大学出版社出版。

钱永红费时六年精心编撰的《一代学人钱宝琮》

下面是钱宝琮先生在中国数学史研究方面的主要著作。

1. 钱宝琮. 古算考源. 上海:商务印书馆,1930(1933 年和 1935 年二次再版).

2. 钱宝琮. 中国算学史(上卷). 北平:国立中央研究院历史语言研究所(单刊甲种之六),1932.

3. 钱宝琮. 中国数学史话. 北京:中国青年出版社,1957.

4. 钱宝琮主编. 中国数学史. 北京:科学出版社,1964.(曾任东京大学中国思想史研究室主任的川原秀成教授在 20 世纪 80 年代初曾在杜石然先生的指导下学习中国数学史,并把钱宝琮的《中国数学史》翻译成日文。)

5. 钱宝琮校点. 算经十书. 北京:中华书局,1963.

6. 中国科学院自然科学史研究所. 钱宝琮科学史论文选集. 北京:科学出版社,1983.

7. 钱宝琮等. 宋元数学史论文集. 北京:科学出版社,1966.

8. 钱宝琮. 百衲本宋书历志校勘记. 文澜学报,1936,2(1):1—14.

9. 钱宝琮. 曾纪鸿《圆率考真图解》评述. 数学杂志,1939,2(1):102—109.

10. 钱宝琮. 科学史与新人文主义. 思想与时代,1947(45):1—5.(修订稿收入华夏图书出版公司《现代学术文化概论》,1948.)

11. 钱宝琮. 张衡《灵宪》中的圆周率. 科学史集刊，1958(1)：86—87.

12. 钱宝琮. 沈括. 中国古代科学家. 北京：科学出版社，1959.

13. 钱宝琮，杜石然. 试论中国古代数学中的逻辑思想. 光明日报，1961 年 5 月 29 日.

14. 钱宝琮. 有关《测圆海镜》的几个问题. 宋元数学史论文集. 北京：科学出版社，1966.

15. 浙江大学校友总会. 钱宝琮诗词. 杭州：浙江大学出版社，1992.

16. 郭书春，刘钝. 李俨钱宝琮科学史全集. 沈阳：辽宁教育出版社，1998.

钱宝琮研究数学史的特点

华罗庚对钱宝琮的工作有这样的评价：“我们今天得以弄清中国古代数学发展的面貌，主要是依靠李俨和钱宝琮先生的著作。”

30 多年前我在巴黎见到吴文俊教授。他也极力称赞钱宝琮的工作，他说《中国数学史》是一本不朽的数学史著作。后来他又写文称赞：“这本书论断推理可靠，是最好的一部中国数学史专著，堪称这方面的经典著作……以我个人而言，我对传统数学的基本认识，首先得于二老（指李俨和钱宝琮）著作，使传统数学在西算的狂风巨浪冲击下不致从此沉沦无踪，二老之功不在王、梅（指清初数学家王锡阐、梅文鼎）二先算之下……几乎濒临夭折的中国传统数学，赖王梅李钱等先辈的努力而绝路逢生并重视光辉。”

1992 年 8 月在北京，国际数学史学会、中国科学技术史学会、中国数学会和中国科学院自然科学史研究所联合举行了《纪念李俨钱宝琮诞辰 100 周年国际学术讨论会》，以纪念这两位著名数学史家的杰出贡献。

梅荣照在1992年12月276期台湾《科学月刊》上撰文谈论钱宝琮研究中国数学史的主要特点是：

一、重视史实的考证，善于突破中国数学中的重大问题。钱先生认为，史实的源流和年代是中国数学史研究最基础的一步。他的早期论文如"九章问题分类考"、"方程算法源流考"、"百鸡术源流考"、"求一术源流考"、"记数法源流考"、"《孙子算经》考"、"《夏侯阳算经》考"、"《周髀算经》考"等就是代表作，至今仍有参考价值。《算经十书》校点则是他三十年来这种工作总结性的重大成果。这些工作需要知识面广，尤其是历史知识、古汉语知识、古文献知识和现代科学知识等。在这些工作的基础上，他善于抓住中国数学史上的重大问题做研究，例如"增乘开方法的历史发展"、"汪莱《衡斋算学》评述"以及对祖冲之的"开差幂"、"开差立"的解释等，就是这方面的代表作。这些工作对中国数学史研究的深入和提升十分重要。

二、重视与中国数学史有关的学科史的研究。钱先生认为，中国数学的发展不可能是孤立的，与其他自然科学如天文历法、物理学中的音律、度量衡等都有着非常密切的关系，尤其是天文历法。因此他在研究中国数学史的同时，花了很大工夫研究天文历法，他在这方面的论文如"汉人月行研究"、"论二十八宿之来历"、"授时历法略论"、"盖天说源流考"、"从春秋到明末的历法沿革"等，是相当重要的。物理方面，如"《墨经》力学今释"、"《宋书·律志》校勘记"等，也相当有水平。

三、重视数学中外交流的研究。钱先生认为，研究中国数学史并不是单纯弄清中国数学方面有几个世界第一，这种研究所以有意义是因为中国数学是世界数学的一部分，它曾通过印度和阿拉伯传到欧洲，对世界数学的发展有贡献。对于中国数学与印度数学的关系，他是下过苦功的。早在1925年《南开周刊》就发表了

“印度算学与中国算学之关系”一文;1964年他主编的《中国数学史》专门用一章来讨论中、印数学交流,其中举出十四项具体事实,证明印度数学曾受到中国数学的影响。在这方面,虽曾遭到一些非议,但他坚持实事求是,既反对民族虚无主义,也反对大国沙文主义,使中国数学史研究沿着正确的方向发展。直到现在,他关于中、印数学关系的观点,已得到愈来愈多国内外学者的认同。

四、重视中国数学思想史的研究。钱先生认为,中国古代数学史研究已经历半个多世纪,现在的任务已不仅是说明中国古代有什么样的数学,而要进一步探讨它为什么是这样的;它与古希腊数学有截然不同的特点,主要是与社会条件和哲学思想有关。因此,他在晚年极力主张研究中国数学思想史。他主编的《中国数学史》就是企图用辩证唯物主义和历史唯物主义的观点,来阐明中国古代数学的发展。“试论中国古代数学中的逻辑思想”、“宋元时期数学与道学的关系”、“《九章算术》及其刘徽注与哲学思想的关系”等,就是有关数学思想史的论文,其中第二篇是针对李约瑟在《中国科学技术史》数学卷中的有关观点,提出完全不同的看法。

五、主张编写高水平的中国数学史专著。他主张,研究中国数学史一定要写成专著,而专著的编写一定要在大量的专题研究的基础上进行,并经多次这样的循环,才能写出高水平的专著。他的《中国算学史》就是在1932年以前大量专题研究的基础上写成的;同样《中国数学史》也是在此书以前大量研究工作的总结。此书出版以后,他又提出按宋元、明清、魏晋南北朝、秦汉与先秦等若干个断代,深入研究,写出专题研究论文集。《宋元数学史论文集》和《明清数学史论文集》就是按照他的这一思想写出的。经过这种断代的研究,再重新修订一部高水平的《中国数学史》。

六、善于发挥集体的力量。他平时经常和大家一起讨论学术问题,对具体的科研任务,他是采取亲自领导、分工合作的方法。《中国数学史》和《宋元数学史论文集》的编写,就是这样完成的。

他在《中国数学史》定稿时，曾写过一首诗颂扬这种合作的情景："积人积智几番新，算术流传世界珍，微数无名前进路，明源活法后来薪，存真去伪重评价，博古通今孰主宾，合志共谋疑义析，衰年未许作闲人。"只有"积人积智"才能"番新"，也只有"合志共谋"才能做到"疑义析"，这是钱先生研究方法中非常可贵的一点。

七、敢于和善于展开学术讨论和学术评论。他对自己写出的论著，发表前后都能主动征求别人的意见(包括未入门或刚入门的青年人在内)，当他听到或看到别人提出意见时，总是流露出高兴与满意的神情，特别听到反面的意见也是如此。例如他写的"《九章算术》及其刘徽注与哲学思想"一文，当时在《科学史集刊》编委会上被否定，但他并没有因为自己是该刊主编而坚持发表或表示不高兴。他任《科学史集刊》主编期间，对稿件从没有不提出意见而径行退稿的；审稿时对任何人都是一视同仁，既不畏权势，又不压制后学。他正是通过这样的学术讨论和学术评论，来不断提高自己著作和整个中国数学史研究的水平。

【附注】

2011 年 6 月 9 日，钱永红提供钱宝琮相关信函资料、照片，并对此文详细校读改正，衷心感谢。

6 能诗善文的华罗庚

不轻视点滴工作,才能不畏惧困难。而不畏惧困难,才能开始研究工作。轻视困难和畏惧困难是孪生兄弟,往往出现在同一个人的身上。我看见过不少青年,眼高手低,浅尝辄止,忽忽十年,一无成就,这便是由于这一缺点。必须知道,只有不畏困难、辛勤劳动的科学家,才有可能攀登上旁人没有登上过的峰顶,才有可能获得值得称道的成果。所谓天才是不足恃的,必须认识,辛勤劳动才是科学研究成功的唯一的有力保证,天才的光荣称号是决不会属于懒汉的!

——华罗庚

世界上什么东西最美

华罗庚(1910—1985)作为一名中国数学家,除了教研外,没有其他特别的嗜好。

他喜欢数学,在他的孩子还小的时候,他就向他们解释数学的美丽。1941年，他在云南昆明的西南联大当教授。有一天为了躲避日军空袭，他和孩子躲在树林里。他问孩子："你们觉得世界上什么东西最美？"

他最小的孩子说："玩具最美！"

他的大儿子华俊东说："当大夫！当大夫可以给人治病，病人的病被医好后，他的心里最快乐。因此，长大了我也要当医生。"

才十几岁的大女儿华顺说："我觉得音乐最美！"

华罗庚说："你们讲得都对，玩具呀，给人治病呀，听音乐呀，都是世上很美妙的事。可是，我觉得世上最美的还是数学。有人说，数学是上帝用来书写宇宙的语言，这话是很有道理。我希望你们长大了能爱数学，学数学。"

华罗庚是中国解析数论、典型群、矩阵几何学、自守函数论与多复变函数论等多方面研究的创始人和开拓者。在世界级刊物上发表过200多篇论文，写了10本书，其中有许多重要成果至今仍居世界领先水平。10部专著中8部为国外翻译出版。

华罗庚还热爱中国的传统古典文化，除了念一些唐宋旧诗词外，自己也写诗。我这里介绍他写的部分诗词。

一分辛劳一分才

在20世纪60年代初期，华罗庚为青少年写了一本通俗数学著作：《从孙子的"神奇妙算"谈起》。他用他的一首诗作为序：

神奇妙算古名词，
师承前人沿用之，
神奇化易是坦道，
易化神奇不足提。

妙算还从拙中来。
愚公智叟两分开，
积久方显愚公智，
发白才知智叟呆。
埋头苦干是第一，
熟练生出百巧来，
勤能补拙是良训，
一分辛劳一分才。

序

神奇妙算古名词，
　师承前人沿用之，
神奇化易是坦道，
　易化神奇不足提。
妙算还从拙中来，
　愚公智叟两分开，
积久方显愚公智，
　发白才知智叟呆。
埋头苦干是第一，
　熟练生出百巧来，
勤能补拙是良训，
　一分辛劳一分才。

华罗庚　1963年2月11日于北京铁狮子坟。

《从孙子的“神奇妙算”谈起》的序

在1962年6月16日的《中国青年报》上，华罗庚写了一篇题为“取法务上，仅得乎中”的文章，勉励青少年应该早努力，学好本领。他以苏东坡的父亲苏老泉27岁发愤读书，成为一位大文学家的故事，勉励青年刻苦学习，不要怕晚嫌迟。他写了这样的诗：

发愤早为好，
苟晚休嫌迟，

最忌不努力，
一生都无知。

华罗庚在工作中

他从一个只有小学程度的少年，靠自学，花费了不少时间和精力，终于成为一名数学大家。他说他后来在研究工作中能够自如地运用任何初等数学部分，要归功于他早年对于初等数学下的研究功夫。他说："不怕困难，刻苦学习，是我学好数学最主要的经验。""所谓天才就是靠坚持不懈的努力。"

危楼欲倒，猪马同圈

华罗庚后来回忆说："想到了 40 年代的前半叶，在昆明城外 20 里的一个小村庄里，全家人住在两间小厢房里，食于斯，寝于斯，读书于斯，做研究于斯。晚上，一灯如豆；所谓灯，乃是破香烟罐子，放上一个油盏，搞些破棉花做灯蕊；为了节省点油，蕊子捻得小小的。晚上牛擦痒，擦得地动山摇，危楼欲倒，猪马同圈，马误踩猪身，发出尖叫，而我则与之同作息。那时我的身份是清高教授。呜呼！清则有之，清则清汤之清，而高则未见也，高者，高而不危之高也。在这样的环境中，埋头读书，苦心钻研……"

生活太苦，常常吃了上顿没下顿，为了生活，他还要改名换姓，到中学去兼课。他的第三个孩子诞生时，他都没有钱送妻子去医院分娩,结果在家里生下。他对妻子说:"我们家的钱又花光了!孩子就叫华光吧!"

华罗庚在1980年5月21日回到他的故乡江苏金坛县中学演讲,他回忆在抗战时的日子说:

"那个时候,大家知道,教授教授,越教越瘦。教授在前面走,穿了个大褂子,要饭的跟在后面,跟了一条街,那位教授身上实在没钱,回头说:'我是教授!'要饭的一听就跑掉了,因为就连乞丐也知道教授身上是没钱的。"

住在昆明乡下的华罗庚一家

就在这样的情况下,从1940年到1943年,华罗庚完成了《堆垒素数论》,1946年苏联科学院出版了其英文版(原中文稿给当时的中央研究院丢失了,现此书中文本是后来从英文转译回来的)。当时数论大师维诺格拉多夫(I. M. Vinogradov)院士还邀请他去苏联访问。

华罗庚的长子、中国医学基金会副主席华俊东医生2011年3月13日回忆道:"在昆明的日子很苦。有时候,我们穷得连饭都吃不上,实在没有办法了,就变卖家里的东西,勉强维持生活。父亲烟瘾很大,为了省钱,他把烟也戒了,发誓说要等抗战胜利后再抽。后来,小弟出生,父亲为他取名为'华光',一盼中华重光,二来是说钱都花光了。”“即便在那么艰苦的条件下，父亲也没有间断过研究。我常常半夜醒来，看到他还在小油灯前埋头读书。他跟我们说过，‘我想到一个问题，马上就要写下来，如果不写，忘记了，那就太可惜了。’”

为躲避日寇的频繁轰炸，华罗庚一家搬到离西南联大 5 里地的黄土坡村住下，附近山沟的防空洞成了他的工作间。“有一天，敌机来了。一个炸弹落下来，父亲的防空洞被炸塌，他被埋住了。幸亏当时有两个学生正在附近，马上过来挖土，让父亲的头部露出来维持呼吸。待敌机飞走了，人们才把他拉了出来。他长衫的下半截全都没了，还吐了一口血。”消息传到闻一多耳中，“他急人之难，将他们一家 8 口的房子分出部分来给我们，在正屋的中央拉一道帘子，两家共在一个屋檐下。后来，闻先生看到我家老的老、小的小，父亲又有腿疾，搬家太难，就自己找房搬走，把家让给了我们。”

华闻两家清苦的生活，因追求真理结下的深厚情谊，这是许多战后长大的人不容易了解的，华罗庚的大女儿华顺还认闻一多为义父。华罗庚有一首诗写他们这时的生活：

排布分屋共容膝，
岂止两家共坎坷，
布东考古布西算，
专业不同心同仇。

闻一多从 1944 年夏天开始，要靠刻图章来增加收入。他对华罗庚说：“我的父亲是个秀才，家学渊源，我 24 岁时到美国芝加哥美术学院及纽约的艺术学院学画，因此也学会了雕刻。可是，我做梦也没想到，有朝一日，我竟然会为了吃饭而被迫挂出了公开治印的招牌。”

华罗庚对这时的生活有诗存照：

寄旅昆明日，
金瓯半缺时，
狐虎满街走，
鹰鸟扑地飞。

挚友惨遭暗杀

闻一多

抗战胜利，内战又起。闻一多搬到昆明西城的昆华中学居住，华罗庚仍住在陈家营。闻一多本来是一个恬淡的诗人学者，这时觉得不能在故纸堆过活了，参加了民主同盟，也参加了学生的游行队伍，“反饥饿，要民主”。昆明城笼罩着不安，有人扬言“要以40万元的重金，收买闻一多的头”。

闻一多对华罗庚说：“有人说，我变得偏激了，甚至说我参加民主运动是因为穷疯了。可是，这些年我们不是亲眼见到国家糟到这地步！人民生活这么困苦！要不是这些年的颠沛流离，我们怎能了解这么多的民间疾苦？我们难道这一点正义感也没有？我们不主持正义，就是无耻，自私！”

1946年7月11日闻一多的好朋友李公朴被暗杀。7月15日在云南大学礼堂开追悼会，闻一多慷慨抨击当局的黑暗，散会后他的长子闻立鹤接他回家，路上惨遭暗杀。闻一多不幸遇难，闻立鹤重伤幸存。

事件发生后，华罗庚正在从南京到上海的火车上，看到报纸上登载：“昆明警局消息：15日下午5时30分，联大教授闻一多，偕子闻立鹤，由府甬道14号民主周刊社外出，北向行进之际，突被一穿青色衣服，一穿灰色衣服之暴徒两人，开枪狙击，闻氏父子当即应声倒地，暴徒向钱局街方向逃逸，岗警追捕不获，在肇事地点，检获大粒八弹壳一只，盒子枪弹壳三只。当即将受伤之闻氏父子，送云大医院救治。闻一多腹部中弹多发，于送医院途中毙命。其子立鹤共中弹五发，计脑部左右各一，大腿中弹三发，一腿已断，不能言语。市警局闻讯即赶到出事地点查勘，随即加派干员，追缉凶犯，分发省市府及警备总部严缉归案云。”

事情来得突然，令华罗庚悲痛不已。他回想离开昆明时，最后见闻一多，还劝他保重。当时闻一多说：“要斗争就会有人倒下去，一个人倒下去，千万人就会站起来！时势越紧张，我越应该把责任担当起来。‘民不畏死，奈何以死惧之’，难道我们还不如古时候的文人?”果然闻一多以其热血荐轩辕，刚正不阿，不屈强权，死时年仅 46 岁。华罗庚悲愤地写道：

乌云低垂泊清波，
红烛光芒射斗牛，
宁沪道上闻噩耗，
魔掌竟敢杀一多。

30 多年之后，华罗庚写纪念闻一多的文章：“作为一多先生的晚辈和朋友，我始终感到汗颜愧疚。在最黑暗的时刻，我没有像他一样挺身而出，用生命换取光明！但是，我又感到宽慰，可以用我的余生完成一多先生和无数前辈的未竟事业。”在该文中，他写了这样的诗：

闻君慷慨拍案起，
愧我庸懦远避魔，
后觉只能补前咎，

为报先烈献白头。
白头献给现代化,
民不康阜誓不休,
为党随处可埋骨,
那管江海与荒丘。

数学方法用在管理上

1958 年,华罗庚被任命为位于北京西郊的中国科技大学的副校长兼应用数学系主任。当时政府要科学家从研究所出来到实际生产中找课题,把他们的理论应用到实际生产上去。

华罗庚以前搞的是数论、多复变函数论、矩阵几何、抽象代数,怎么将这些知识和实际联系呢?他最初翻看天文、物理书籍,对其中一些数学问题进行研究。后来他觉得这样仍旧是理论联系理论,和实际没有太大关系。后来他去访问工厂和农村,发现管理工作非常落后,因此他产生是否能把数学方法用在管理上的想法。

华罗庚在北京第三无线电器材厂和工人陈炳才一起研究用统筹法提高生产效率的问题

于是，他就阅读许多国外的资料和书籍，最后决定以统筹法和优选学作为应用数学的发展科学。他亲自到北京郊区农村，研究用什么方法选打麦场地点以方便调度粮食的问题。华罗庚经常去工厂和工人一起总结生产实践中的经验，进行科学研究工作，使科学研究工作为生产服务。

华罗庚意识到面对大众的数学普及工作对发展中国应用数学的重要性。他以 CMP 方法为核心，经过提炼加工，形成了适合中国国情的第一个数学普及方法“统筹方法”，并取得很大的成功。胡愈之回忆：“在‘文革’前的两三年里，华罗庚差不多每周都要到我这里来，讲讲他推广‘统筹法’、‘优选法’的设想，讲他到工农兵群众中去的感受，还为我们编辑的农村年书《东方红》，写了通俗易懂的介绍‘优选法’的文章。”

华罗庚给毛泽东写了一封信，并寄上一本他的《统筹方法平话及其补充》，毛泽东很快给他回信，这更坚定了他走普及数学方法的道路，为探索和发展中国应用数学奠定了基础。

1964 年 4 月左右，华罗庚收到西南铁路建设指挥部总指挥韩光的信，邀请他到大西南去参加成昆铁路的建设。他已快 55 岁了，可是他毅然答应。

成昆铁路是一个艰巨浩大的工程，要穿过四川、云南的万水千山，工地周围不是奇峰绝壁，就是虎狼出没的荆棘野地。地形极为复杂，常有意外发生。

华罗庚和他的助手在 1964 年秋天来到大西南地区工作，几次发生意外，差点命都送掉。他的腿不好，生活和工作比一般正常人困难。他们要风餐饮露，生活不能像在城市那样好过，山上没有水洗澡，衣服长满了虱子，没有水洗，临睡觉前把衣服抖一抖，虱子成片掉下来。这种日子真不好过。

华罗庚和他的助手必须用最浅显的语言，对完全不懂数学的工人讲解统筹法，那可真是件不容易的事。华罗庚很坦诚地说：

“同志们！坦白地说吧！用统筹法能不能提高效率，现在我还没有把握。在北京电子管厂我们搞了八个月的试点，最后失败了。这次，我是抱着向工人同志们学习的想法来。过去，我教书的时候总是夹着一本书，如果不夹书，我的肚子里也有一大本书。现在，搞应用数学，我还是刚刚开始学走路，如果大家一定让我讲的话，我的讲稿只有几页。”

一些人听了就对他说：“好就好在你的讲稿只有几页纸，不然的话，工人怎能有时间听你长篇大论呢？如果再等三五年盖起教学大楼，工人念完三五年大学再听你的课，铁路竣工要等到哪一年？”

华罗庚(左二)在哈尔滨向群众用折纸条的方法介绍优选法

华罗庚有一首诗讲他推广“双法”的感受：

我对生产本无知，
幸得工农百万师，
吾爱我师师爱我，
协力同心报明时。

1972 年冬天，华罗庚被大庆油田聘请担任科学技术顾问，心中高兴，写了下面的诗：

同是一粒豆，两种前途在。
阴湿覆盖下，养成豆芽菜。
娇嫩盘中珍，聊供朵颐快。
如或落大地，再润日光晒。
开花结豆荚，留传代复代。
春播一斛种，秋收千百袋。

他因心肌梗死留在医院休养六星期，离院时写了意气风发的诗：

呼伦贝尔骏马，珠穆朗玛雄鹰，
驰骋草原志千里，翱翔太空意凌云，
一心为人民。
壮士临阵决死，那管些许伤痕，
向千军老魔作战，为百代新风斗争，
慷慨掷此身。

1976 年“文革”结束，华罗庚和许多遭受“文革”劫难的人们一样高兴，他振笔写道：

春风吹绿了大地，
原野上万马奔驰。
与其伏枥而空怀千里，
何如奋勉而追骐骥。

数学推广工作，大材不小用

有人觉得华罗庚不好好地搞自己专长的数论，而去做一些“简单的数学的推广工作”，未免是大材小用，流于浮浅，而且是浪费生命。华罗庚有一首诗，可以作为对这种看法的最好回答：

杜甫有诗古柏行，他为大树鸣不平。
我今为之补一语，此树幸得列门庭。
苗长易遭牛羊践，材成难免锯斧侵。
怎得参天二千尺，端赖丞相遗爱深。
树大难用似不妥，大可分小诸器成。
小材充大倾楼厦，大则误国小误身。
为人休轻做小事，小善积久大业陈。
自负大材不小就，浮夸轻薄负此生。
个人要求虽如此，为国必须统筹论。
科学分工尽其用，高瞻远瞩育贤能。

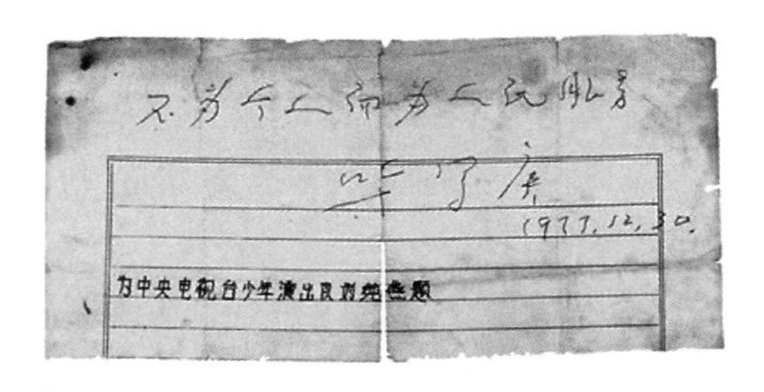

华罗庚的笔迹

1979 年，他指出：“树老易空，人老易松，科学之道，戒之以空，戒之以松。我愿一辈子从实以终，这是我对自己的鞭策，也可以说是我今后的打算。”而且他也表白：“我的哲学不是生命尽量延长，而是工作尽量多做。”

1979 年 6 月 13 日华罗庚正式成为共产党员，当时他在英国学术访问。知道这消息之后，他写了给邓颖超的《破阵子·奉答邓大姐》的词：

五十年来心愿，
三万里外佳音，
沧海不捐一滴水，
洪炉陶冶砂成金，
四化作尖兵。
老同志，深愧作，
新党员，幸勉称，
横刀那顾头颅白，
跃马紧傍青壮人，
不负党员名。

另外，在《外一首》中他写道：

老实、苦干、拼命干，
党员本色。
空话、大话、奉迎话，
科学罪人。
实践明真理，
历史证忠贞。
聚砂成塔塔不固，
长城那能一夕成，
所赖在坚韧。

让年轻人踏着我的肩膀，攀登世界科学的高峰

华罗庚自觉来日无多，在一次全国科学大会上说：“我要让自己的双肩都发挥作用。一肩挑起送货上门的担子，把科学知识送到工农群众中去；一肩当作人梯，让年轻人踏着我的肩膀，攀登世界科学的高峰！”

他在以后的时间写了《数学方法与国民经济》一书，以下面的词当作序言：

只管心力竭尽，哪顾为争高低，
人民利益为前提，个人成败羞计。
学龄已过六十，何必重辟新蹊。
贯藏，乘桴，翼天齐，奢望岂成所宜。
沙场暴骨得所，马革裹尸难期，
滴水入洋浩无际，六合满布兄弟。
祖国中兴宏伟，死生甘愿同依，
明知力拙才不济，扶轮推毂不已。

古稀之龄的华罗庚

他的身体不好，但是心中却是想要赶快做事，他写道：“我行虽彳亍，岂甘伏枥哀。驰驱绝广漠，腾跃越崔嵬！”

1980年8月3日，他到美国参加第四届国际数学教育会议，会后在美国其他地方访问了半年多。在访美期间，他写一首诗给他以前在西南联大时的同乡及朋友沈煌，在诗中表示了他“活到老，学到老”

以及愿意将自己的知识普泽天下的精神：

三十年前归祖国，
而今又来访美人，
十年浩劫待恢复，
为学借鉴别燕京。
愿化飞絮被天下，
岂甘垂貂温吾身，
一息尚存仍需学，
寸知片识献人民。

为数学鞠躬尽瘁

访美回国之后，他又不顾自己已是古稀之年，坚持到各地去传经，结果 1982 年秋他在淮南煤矿又患了心肌梗死，被送回北京医院医治。他实在是一个不能闲的人，在他 74 岁时，写了《述怀》一诗：

即使能活一百年，
36 524 日而已。
而今已过四分之三，
怎能胡乱轻抛，
何况还有
老病无能为计。
若细算，有效工作日，
在 2 000 天以内矣。
搬弄是非者是催命鬼，

这张照片摄于1985年6月1日赴日访问前夕

谈空话者非真知己,
少说闲话,
少生闲气,
争地位,患得失,
更无道理。
学术权威似浮云,
百万富翁若敝屣,
为人民服务,
鞠躬尽瘁而已。

1985年6月3日,华罗庚飞往日本访问,他希望到日本之后,能了解日本把数学方法和定量分析方法用于经济管理和经济决策的经验。但不幸的是,华罗庚于6月12日在东京大学的日本数学会学术报告会上突发心脏病,倒在了讲坛上。原来演讲只是45分钟,而主持人怕他身体不好,为他准备轮椅,可是他却一直站着讲。讲了45分钟,他还对大会主席说:“演讲规定时间已经超过,我可以延长几分钟吗?”结果讲了65分钟,讲完倒下失去知觉,真的做到了鞠躬尽瘁。

华罗庚生前最后一张照片

7 数学界的莫扎特——陶哲轩

大众对数学家的形象有一个错误的认识：这些人似乎都是孤单离群(甚至有一点疯癫)的天才。他们不去关注其他同行的工作，不按常规的方式思考。他们总是能够获得无法解释的灵感(或者经过痛苦的挣扎之后突然获得)，然后在所有的专家都一筹莫展的时候，在某个重大的问题上取得了突破的进展。这样浪漫的形象真够吸引人的，可是至少在现代数学学科中，这样的人或事是基本没有的。在数学中，我们的确有很多惊人的结论、深刻的定理，但是那都是经过几年、几十年，甚至几个世纪的积累，在很多优秀的或者伟大的数学家的努力之下一点一点得到的。每次从一个层次到另一个层次的理解加深的确都很不平凡，有些甚至是非常的出人意料。但尽管如此，这些成就也无不例外地建立在前人工作的基础之上，并不是全新的。(例如，怀尔斯解决费马最后定理的工作，或者佩雷尔曼解决庞加莱猜想的工作。)

——陶哲轩

数学界的莫扎特

成立于1660年的英国皇家学会(The Royal Society),是世界上历史最悠久、最著名的学术团体之一,目前有1 400多位会员,其中包括60多位诺贝尔奖得主,甚至不乏历史上伟大的科学家,如牛顿、达尔文和霍金等人。陶哲轩当选为2007年度英国皇家学会会员时,年仅32岁。

美国国家科学院于2008年4月29日公布新增选的一批院士名单,也有陶哲轩。

陶哲轩2000年获塞勒姆奖(Salem Prize),2003年获克雷研究奖(Clay Research Award),因为他对分析学的贡献,其中包括挂谷猜想(Kakeya conjecture),他还获得麦克阿瑟天才奖的50万美元奖金。他在取得菲尔兹奖(Fields Medal)之后,由于报章、杂志以及电视的宣传,许多人都很想知道这位"数学界的莫扎特"是怎么教书的?注册上他一门课的就有100个学生,而窗外据说还有35名学生在窥看他教书。

在洛杉矶加州大学他身着阿迪达斯运动衫、牛仔裤和破旧的运动鞋,看起来就像个研究生,如果外面的旅客来参观大学会认为他是学生而不知是位名教授。

陶哲轩于1975年7月17日生于澳大利亚阿德莱德。7岁开始自学微积分,8岁半升入中学,9岁去学院上数学课,11岁读微积分。1986年,11岁的他就在华沙获得了国际奥数铜牌;1987年在哈瓦那,他获得银牌;1988年,未满13岁的他在堪培拉获得金牌。这一纪录至今无人打破。陶哲轩20岁获得普林斯顿大学博士学位,那时他每天都在玩计算机。他无疑是个天才,24岁时被加州大学洛杉矶分校聘为正教授。他是第二位获得菲尔兹奖的华人。他解决了几个著名的猜想。陶哲轩从事调和分析、偏微分方程、解析数论、算术数论，以及照相机的压缩传感原理、黎曼几何等多个领域的研究。

陶哲轩

他的导师是沃尔夫奖(Wolf Prize)获得者伊莱亚斯·斯坦(Elias Stein)。斯坦说过，陶哲轩是百年难遇的奇才。他的同门师兄、也是菲尔兹奖的获得者查尔斯·费弗曼(Charles Fefferman)说："陶哲轩是当代的天才。"

加州大学洛杉矶分校数学系前主任约翰·加尼特(John Garnett)说："他就像莫扎特，数学是从他身体中流淌出来的，不同的是，他没有莫扎特的人格问题，所有人都喜欢他。他是一个令人难以置信的天才，还可能是目前世界上最好的数学家。"

获得菲尔兹奖

2006年8月22日，在西班牙首都马德里举行的国际数学家大会(ICM2006)开幕式上，美国普林斯顿大学数学家安德烈·欧克恩科夫(Andrei Okounkov)、俄罗斯数学家格里高利·佩雷尔曼(Grigori Perelman)、美国加州大学洛杉矶分校数学家陶哲轩、法国巴黎第十一大学数学家温德林·维尔纳(Wendelin Werner)共同分享了四年一度的菲尔兹奖。

陶哲轩曾在ICM 2002上做过一小时报告。听到自己获奖时，他最初的反应是非常惊讶。他对《星岛日报》记者说："几天以后，我才开始适应……"当一位友人发电子邮件向他祝贺时，他回复说："现在我仍在继续进行我的研究项目，我想要解决的那些难

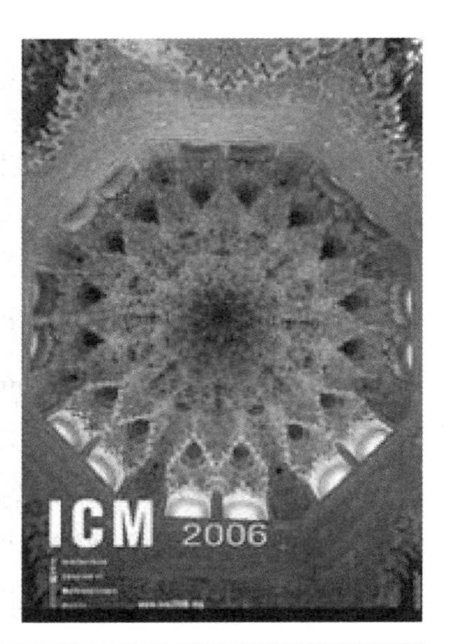

2006年国际数学家大会海报

题,并没有因为获奖就魔法般地自动得到解决。"

获得菲尔兹奖之后,陶哲轩接到许多道贺的电话和电子邮件。他在自己的网页上写道:"感谢每个人……这对我非常重要,遗憾的是我不能一一答复,但我真的非常感动(我现在得先休息会儿)……就我个人的观点,格里高利·佩雷尔曼的工作才是过去10年里最重大的数学成就,他证明了庞加莱猜想,和他同时获奖,我真是惭愧。"

三位2006年菲尔兹奖得主合影,从左到右为欧克恩科夫、维尔纳、陶哲轩(佩雷尔曼缺席大会)

给陶哲轩的颁奖词是:"因为他对偏微分方程、组合数学、调和分析和堆垒数论方面的贡献"。陶成为该奖项70年来最年轻的获奖者之一。美国数学学会(AMS)对陶的评价是:"他将精纯的技巧、超凡入圣的独创及令人惊讶的自然观点融为一体。”

著名数学家、普林斯顿大学教授费弗曼的评价则是:“如果你有解决不了的问题,那么找到出路的办法之一就是引起陶哲轩的兴趣,莫扎特的音乐只有一种风格,陶的数学却有很多种风格,他大概更像斯特拉文斯基。”费弗曼是陶哲轩的大师兄,20 岁在普林斯顿大学获博士学位,22 岁在芝加哥大学成为美国历史上最年轻的正教授,29 岁获 1978 年的菲尔兹奖。

数学小天才

陶哲轩是家中的长子。他的父亲陶象国出生于上海,和母亲梁蕙兰均毕业于香港大学。陶象国后来成了一名儿科医生。梁蕙兰是物理和数学专业的高才生,曾做过中学数学教师。1972 年,夫妇俩从香港移民到了澳大利亚。

“我一直喜欢数字。”陶哲轩说。2 岁时,他拿着数字积木教比他大的小朋友数数,他很快学会拼写,能用字母积木拼出单词 dog 或 cat。他把玩具当作学习的工具了。

2 岁生日过完几个月,陶哲轩对父亲办公室里的一台打字机发生兴趣,他不辞劳苦地用一个手指头敲出了儿童书上一整页的内容。父母很快就意识到把他拉回“正常”状态是犯傻。买来的一些幼儿读物都被证明太浅了,于是他们鼓励儿子自己阅读和探寻,但非常小心避免让他过早接触太抽象的“功课”。“回过头看,如果你发现了一个天才,最重要的是给他自由,让他玩,让他有时间想自己的东西,否则,他的创造力很快会枯竭。”陶象国对记者说。3 岁时,陶哲轩已经显示出相当于 6 岁孩子的读写和算术能力。

3 岁半时,早慧的陶哲轩被父母送进一所私立小学。然而,研究天才教育的新南威尔士大学教授米拉卡 · 格罗斯(Miraca

Gross)在陶哲轩11岁时发表的一篇论文中写道,陶哲轩的智力明显超过班上其他孩子,但他不知道怎么与那些比自己大两岁的孩子相处,而学校的老师面对这种状况也束手无策。

几个星期以后,陶哲轩退学了。陶象国夫妇从这次失败经历中吸取的一个宝贵教训是:培养孩子一定要和孩子的天分同步,太快太慢都不是好事。陶象国对记者说:"我们决定还是让他去上幼儿园。"幼儿园里有陶哲轩的同龄人。

陶哲轩两岁开始认字看书,上幼儿园的一年半里,他还在母亲指导下完成了几乎全部的小学数学课程。母亲更多是对他进行启发,而不是进行填鸭式的教育。而陶哲轩更喜欢的也似乎是自学,他贪婪地阅读了许多数学书。

陶哲轩小时候的相片

"很大程度上,他是看《芝麻街》起步的,我们基本上把《芝麻街》当保姆用的。"陶象国介绍了这部有着30多年历史的美国布袋偶电视片,建议大陆引进这个用于儿童早期智力开发的有趣节目。

陶象国夫妇还开始阅读天才教育的书籍,并且加入了南澳大利亚天才儿童协会。陶哲轩也因此结识了其他的天才儿童。据测试,陶哲轩的智商介于220至230之间,如此高的智商百万人中才会有一个。

还有1个月才满5岁的陶哲轩曾经和一群7岁到9岁的天才儿童一起学习。当时,老师问孩子们,9,18,27,36这组数字接下来是什么,陶哲轩想了想就答道"45,54",因为这些数字都是按照9的倍数递增排列的。

5岁生日过后,陶哲轩再次迈进了小学的大门。这一次,父母考察当地很多学校后,最终选择了离家2英里的一所公立学校。这所小学的校长答应他们,为陶哲轩提供灵活的教育方案。刚进校时，陶哲轩和二年级孩子一起学习大多数课程，数学课则与5年级孩子一起上。

6岁时，他在家看手册自学了计算器BASIC语言，开始为数学问题编程。他那篇关于“斐波那契”程序的导言太好玩了，以至于1984年被数学家克莱门特完全引用。

7岁时，陶哲轩开始自学微积分。“这不是我们逼他看的，是他自己感兴趣。”陶象国说。而小学校长也意识到小学数学课程已经无法满足陶哲轩的需要，在与陶象国夫妇讨论之后，他成功地说服附近一所中学的校长，让陶哲轩每天去中学听一两堂数学课。

在数学和科学课程上，他以自己的步调学得飞快，而其余课程跟大家一样。英语课上，他不得不为作文而手忙脚乱。写“我的家庭”时，他在家里从一个房间到另一个房间，记下一些细节，并排了一个目录。

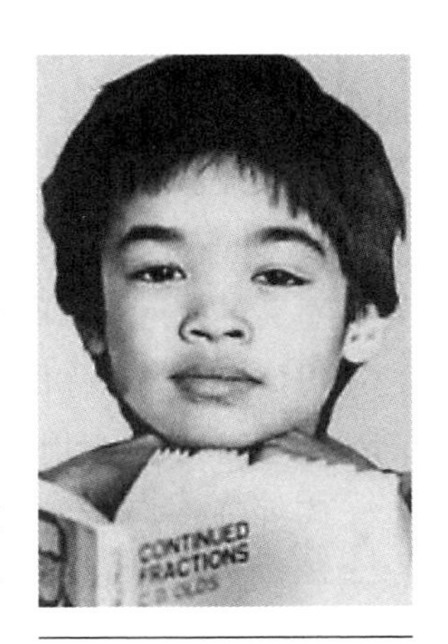

很小就自学连分数

“我到现在还没摸清作文的窍门，我比较喜欢明确一些定理规则然后去做事。”事实上，陶哲轩谦虚了，即使在英语和社会学——这两门“弱项”上，他也比同龄人超前了4年。

7岁半时，他到当地高中上数学课；8岁零3个月，他出了第一本书，关于怎样用BASIC程序计算完全数。“他依然是一个活泼、有创造力的、有时也爱恶作剧的孩子。”

陶哲轩9岁开始学大学数学课程，这时他编写了一个BASIC程序，可以按用户需求提供斐波那契数列。但是，在开始这个程序之前，用户必须输入发现该数列的意大利数学家斐波那契的出生年份。如果输入了正确年份，程序就开始运行。如果输入的年份过早，屏幕上会跳出：“对不起，他还没出生呢，再试试。”要是输入

1983年,7岁的陶哲轩跪在椅子上和中学生一起参加数学考试

的年份太迟,就会出现“不,他已经在天堂了”的字样。

1985年初,陶哲轩10岁生日前几个月,他有三分之一时间在弗林德斯(Flinders)大学度过,学大二的数学、大一的物理。余下时间在高中学12年级的化学、11年级的地理和拉丁文、10年级的法语、9年级的英语和社会学。此时他仍然与高中同学交朋友。他已在奥数竞赛中拿奖了。

父亲最初想,陶哲轩只是早点毕业而已,但与一些教育专家谈过话后,他改变了想法。“少年时拿到学位,做一个打破纪录者,这毫无意义。我把知识比作金字塔,基石打得宽阔坚实,金字塔才能建造得更高。如果你像建一个柱子一样一心只想快点往上,到了高处就会摇晃,然后坍塌。”

陶哲轩在斯坦利教授主持的SAT-M(大学学术水平测试——数学部分)中得了破纪录的高分760分。陶象国问他想要什么奖励。“他一下子愣住了,可能觉得这问题比SAT的数学题更难。几秒钟后,他说他想要冰箱里的一块巧克力,这块巧克力已经放了一段时间,大家都快忘记了。我拿给他,他掰了半块给我,转身去看他正读的那本物理书去了。”

墨尔本大学卓越数学教育国际中心主任高德里(Garth Gaudry)教授对陶哲轩的成长具有非常特殊的影响。陶哲轩12岁之后,高德里每周三的下午都和他会面,讨论数学问题。高德里经常问他一些很难的问题,而陶哲轩总会给出漂亮的解答。他的思维方式非常与众不同,他能够洞悉到别人还没有意识到的问题。高德里把陶哲轩带入了真正的数学研究领域,他还是陶哲轩的硕士导师。

这期间，美国约翰斯·霍普金斯大学的一位教授将陶象国夫妇和陶哲轩邀请到美国，游历了3个星期。夫妇俩曾请教费弗曼和其他数学家，陶哲轩是否真的有天才。“还好我们做了肯定答复，否则今天我们会觉得自己是傻瓜。”费弗曼回忆说。

一年后，陶象国夫妇面临一个重大抉择：陶哲轩什么时候升入大学？格罗斯教授在她的论文中写道，陶哲轩的智商介于220至230之间，如此高的智商百万人中才会有一个，他也完全有能力在12岁生日前读完大学课程，打破当时大学毕业生年纪最轻的纪录。

但他们觉得没有必要仅仅为了一个所谓的纪录就让孩子提前升入大学，而是希望他在科学、哲学、艺术等各个方面打下更坚实的基础。虽然他很聪明，但他14岁才去学院上课，因为“没有必要那么早去学院上课，要做好研究就像建金字塔，要有雄厚的基础，才能建造得高”。

此外，陶象国认为，让陶哲轩在中学阶段多待3年，同时先进修一部分大学课程，等到升入大学以后，他才可以有更多的时间去做一些自己感兴趣的事情，去创造性地思考问题。

9岁智商高达220，全澳第一。9岁多时，他未能入选澳大利亚代表队去参加国际数学奥林匹克竞赛。但接下来的3年中，他先后3次代表澳大利亚参赛，他在1988年获得金牌时，尚不满13岁。陶哲轩还有两个弟弟，都是智商180，其中一位是澳大利亚的国际象棋冠军，并且拥有非凡的音乐才能，一部管弦乐作品听一遍就能在钢琴上弹奏出来，但患有自闭症。他后来拿到数学博士学位，现在澳大利亚一家国防科技机构工作。两个弟弟同时参加了1995年的多伦多国际奥数竞赛。他们解题时采用同样的方法，得到同样的分数，最终双双获得铜牌。老三奈杰尔告诉父母“我不是另一个Terry”，所以，陶象国夫妇放缓他的速度，他拿到经济学、数学和计算机的博士学位，现在是澳大利亚 Google 公司的一名计算机工程师。

陶哲轩对记者说："很多奥数奖牌得主后来没有继续数学研究的原因之一是，数学研究和奥数所需的环境不一样，奥数就像是在可以预知的条件下进行短跑比赛，而数学研究则是在现实生活的不可预知条件下进行的一场马拉松，需要更多的耐心，在攻克大难题之前要有首先研究小问题的意愿。"

记者问："您在非常年轻时成为国际数学奥林匹克的获奖者，您是怎样对数学产生兴趣的？比如说，您是天生对数学有兴趣呢还是您遇到了一位特别好的老师？"

陶哲轩答道："父母告诉我，我在两岁时就被数学迷住了，当时我就试图用数字积木教其他小朋友计数。我记得当我还是一个孩子时，我就迷上了用数学符号控制的模型和智力玩具。上大学后，我开始欣赏数学背后的意义和目的，以及数学是怎样与现实生活和一个人的直觉联系起来的。实际上，今天我喜欢这种深层次的数学更胜于问题的解决或表面符号。

我认为，发展数学兴趣所要做的最重要的事是有能力和自由与数学玩。比如为自己设计一丁点挑战，或设计一个小小的游戏等等。对我来说，拥有一位好导师非常重要，因为这让我有机会讨论数学中的快乐。当然，正规的课堂环境最适合于学习理论和应用，以及从整体中认识所学的科目，但它却不是学习如何做实验的好地方。也许，一种有益的素质是聚精会神的能力，还有就是一点点的倔强。因此，我常常在一个非常简单的问题上花很多时间，直到我弄明白这个问题的来龙去脉。当你准备向更高水平进军时，这真的有帮助。"

和中国一样，澳大利亚参加奥数的选手也需要集训，但集训的时间并不是很长。陶哲轩说，他当时参加了为期两周的训练营，"我们白天练习解题，晚上玩各种游戏"。

“他主要是喜欢做数学，而不是为了获奖去做数学。”陶象国说。很多人问陶象国，为什么陶哲轩不会说中文。陶象国的解释是，他和妻子发现陶哲轩的二弟陶哲渊有自闭症以后，担心同时讲英文和中文不利于哲渊的成长，在家里就只说英文了。

杰出的工作

陶哲轩是一位解决问题的超人，他杰出的工作影响了数学的几个领域。他结合纯粹工具的力量，像非凡的天才一样提出新观点，其自然而然的见解让其他数学家惊叹：“为什么其他人之前没有看到？”他的兴趣跨越多个数学领域，包括调和分析、非线性偏微分方程和组合论。

2004 年他与数论学家本・格林(Ben Green，1998 年菲尔兹奖得主高尔斯的学生)合作，将遍历理论与解析数论相结合，攻克了超级数论难题——厄多斯-图兰(Erdös-Turan)猜想：素数数列有任意长的等差子数列。3，5，7，就是由 3 个素数构成的等差数列。很久以前，数学家就认为由素数构成的等差数列有可能任意长且有无穷多组。1939 年，一位荷兰数学家科尔皮(Johannes van der Corput)证明：由 3 个素数组成的等差数列有无穷多组。从 2002 年开始，陶哲轩和格林着手研究由 4 个素数构成的等差数列是否也有无穷多组。2004 年，本・格林和陶哲轩发表一篇论文预印稿，宣称他们证明了存在任意长的素数等差数列。论文中引用了陈景润的两个定理，一个是“1＋2”的定理，另一个是对应于“1＋2”的孪生素数定理。为此，格林被授予 2004 年克雷研究奖(陶已因其在分析上的突出成就拿过此奖)。

陶哲轩说：“我喜欢与合作者一起工作，我从他们身上学到很多。实际上，我能够从谐波分析领域出发，涉足其他的数学领域，都是因为在那个领域找到了一位非常优秀的合作者。我将数学看作一个统一的学科,当我将某个领域形成的想法应用到另一个领域时,我总是很开心。

站在许多数论公式前

当建立真正的友谊,而不是纯粹商业交易的时候,我觉得这种合作是最愉快的生产。特别是,不应该担心项目太多及如何分摊信贷或工作量,一个人应该永远试图尽可能明确传达给其他合作者自己的想法。至少我的一个合作者坚持严格秉承'哈代-利特尔伍德(Hardy-Littlewood)协作规则';有时我们不遵守这些规则,但在大多数情形我们一定按照他们的精神。"

他究竟怎样做研究

陶哲轩说:"我并没有任何神奇的能力。我看着一个问题,而这个问题像是我曾经解过的问题,我就会想,之前用过的方法也许在这里也会有用。当所有的尝试都失败时,我就会想一些小技巧,试着取得一些小进展,但是仍然不是正确的解答。我就这么把玩着这题目好一阵子,直到我解决它为止。

多数的数学家在面对一个问题的时候,都会试着直接去解决它。但是就算他们能解出来,他们也许还没有能全盘地了解他们做了什么。在我尝试解决问题的细节之前,我会先设定我的策略,一旦我有了解题的策略,就算是很复杂的问题也能被拆解成许多的小问题。我从来不满足于只是解决问题，我总是想看看，如果我对问题做一些改变，那会发生什么事。”

他对数学的态度日趋成熟。回想当年一连串的数学竞赛、论题会、考试，“就像快跑比赛。而在真实的数学世界里，数学研究应该像马拉松”。但是，陶哲轩也说：“如果你想学好数学，必须从一些最基本的训练开始，好比你想成为一个钢琴家，就得从大量的练习曲开始，虽然这些训练往往是乏味的。”

现在正接受戴维和露西尔·帕卡德（David and Lucille Packard）基金会资助的陶哲轩这样说：“当我实验足够了，我就会对这个问题取得深入的了解。之后，一旦有类似的问题出现，我就会知道哪些技巧可以用，而哪些不能用。”

陶哲轩又补充道：“这无关聪明或是反应快速，就像爬一座陡峭的山，如果你非常强壮而且动作迅速，又有很多的绳子，那会很有帮助。但是你仍然需要规划出一条可行的登山路径，这才能让你成功地登顶。能快速地做计算和知道很多的事实就像是一个有着力量、反应快捷且带好工具的登山人。但是你仍然需要计划（这是艰难的部分），而且要能综观全局。”

这些年来，他对数学的看法已经有了改变。他说：“当我小的时候，我对数学有着浪漫的想法，总是认为艰难的问题都是灵感来的时候灵光一闪解决的。那总像是——‘让我们试试这个试试那个，看看能不能有所进展，或是，这没用，试试别的，突然，噢，这有个快捷方式’。当你花了足够久的时间，你总是会在某个时间经由一个后门做出通往困难问题的进展。最后，通常你会觉得——‘噢，我解决这个问题了。’”

陶哲轩总是专注在一个问题上，但是仍然会在脑中摆着十几至二十几个问题。他说：“希望有一天，我可以找到方法，把它们都解决。如果有个问题看起来是可以解决的，但是却解决不了，那会让我寝食难安的。”

以下是他对新闻记者的问题的回答。

问:“您怎样寻找下一个新问题?您怎么知道某一个问题真的有趣?”

陶哲轩回答道:“通过与其他数学家谈话,我会得到许多问题和合作者。我可能比较幸运,因为我最初的领域调和分析与数学的其他领域(偏微分方程、应用数学、数论、组合数学、遍历理论等)有如此之多的联系和应用,因此,我从不缺少需要解决的问题。有时,通过系统地调查某个领域并发现文献中某个缺陷或空白,我能偶然地发现一个有趣的问题,比如,类推两个不同的对象(如两个不同的偏微分方程)并比较两个对象已有的正反结果。

我喜欢探讨一些模糊和普通的问题,比如‘如何控制发展方程的长时间动力学问题?’,‘什么是从组合数学问题中分离出结构的最好办法?’我被这些问题所吸引,因为通过迫使某人开发出解决其中一个问题的新技术,有可能推动问题的发展,而这些问题会以简单的方式(如玩具模型的方式)出现,这就避开了所有困难而仅剩下一个。当然,尽管根据以往的经验,某个问题的解决看似比较容易,但通常事先不会知道困难是什么。我还是一个交叉学科研

陶哲轩于2007年4月在麻省理工学院演讲

究的狂热爱好者——从一个领域获得思想和见识，再将它们应用到其他领域。比如，我与本·格林在素数等差数列方面的研究思想部分地来源于我试图理解弗斯滕伯格(H. Furstenberg)的遍历理论用于证明施米列迪(Szemeredi)定理时背后的想法，结果这种想法与格林为解决这个问题而长久思考的数论与傅里叶分析的论证非常吻合。"

问："数学中有'热门话题'这种说法吗？如果有，您认为我们现在的'热门话题'是什么？"

答："我真的只熟悉我所从事的数学领域，所以我无法说出其他领域的'热门'是什么。但是在我的领域，非线性几何偏微分方程是冉冉升起的新星，最具戏剧性的是佩雷尔曼用里奇(Ricci)流来解决庞加莱猜想，如今在几何学、分析学、拓扑学、动力系统和代数的方法间有越来越多的融合。组合论方法应用于数论，人们通过先对相当多的任意集合(如正密度整数集)建立结果来发现关于特殊集合(如素数集)的结果，现在也是相当活跃的，此外组合方法可以为其他方法提供一个颇为不同的工具(包括遍历理论)，这些我们最近在解析数论中曾应用过。"

问："您怎么看待数学与公众之间的关系，这种理想的关系应该是怎样的？"

答："这种关系在不同的国家间有很大的差异。在美国公众中有种含糊不清的观点，认为数学在某种程度上对各种'高科技产业'来说是'重要的'，但数学很'难'，最好让专家来做。因此，公众支持资助数学研究，却少有兴趣去发现数学家究竟在做什么。最近，大量的电影和其他媒体都涉及数学家，但不幸的是几乎没有一部能对数学本身以及它所做的东西有精确的理解。我不希望看到数学被过多地神秘化，我希望数学能被更多的公众所接受，尽管我本人不知道如何实现这些目的。"

陶象国认为，一流数学家喜欢与陶哲轩合作的一个重要原因是,他在合作中不是利用别人,而是激发合作者的才能。"哲轩从来没有和别人争执过,他想的都是怎么开开心心地和别人合作,而不是互相指责,争权夺利。中国的数学家们如果多一些合作,少一些争执,中国的数学才会有更快的发展。"

陶哲轩谈什么是好的数学

我们都认为数学家应该努力创造好数学。但"好数学"该如何定义?甚至是否该斗胆试图加以定义呢?让我们先考虑前一个问题。我们几乎立刻能够意识到有许多不同种类的数学都可以被称为是"好"的。比方说,"好数学"可以指(不分先后顺序):

好的数学题解(比如在一个重要数学问题上的重大突破);

好的数学技巧(比如对现有方法的精湛运用,或开发新的工具);

好的数学理论(比如系统性地统一或推广一系列现有结果的概念框架或符号选择);

好的数学洞察(比如一个重要的概念简化,或对一个统一的原理、启示、模拟或主题的实现);

好的数学发现(比如对一个出人意料、引人入胜的新的数学现象、关联或反例的揭示);

好的数学应用(比如应用于物理、工程、计算机科学、统计等领域的重要问题,或将一个数学领域的结果应用于另一个数学领域);

好的数学展示(比如对新近数学课题的详尽而广博的概览,或一个清晰而动机合理的论证);

好的数学教学(比如能让他人更有效地学习及研究数学的讲义或写作风格,或对数学教育的贡献);

好的数学远见(比如富有成效的长远计划或猜想);

好的数学品位(比如自身有趣且对重要课题、主题或问题有影响的研究目标);

好的数学公关(比如向非数学家或另一个领域的数学家有效地展示数学成就);

好的元数学(比如数学基础、哲学、历史、学识或实践方面的进展);

严密的数学(所有细节都正确、细致而完整地给出);

美丽的数学(比如拉马努金的那些令人惊奇的恒等式;陈述简单漂亮、证明却很困难的结果);

优美的数学(比如保罗·厄多斯的"来自天书的证明"观念;通过最少的努力得到困难的结果);

创造性的数学(比如本质上新颖的原创技巧、观点或各类结果);

有用的数学(比如会在某个领域的未来工作中被反复用到的引理或方法);

强有力的数学(比如与一个已知反例相匹配的敏锐的结果,或从一个看起来很弱的假设推出一个强得出乎意料的结论);

深刻的数学(比如一个明显非平凡的结果,比如理解一个无法用更初等的方法接近的微妙现象);

直观的数学(比如一个自然的、容易形象化的论证);

明确的数学(比如对某一类型的所有客体的分类;对一个数学课题的结论);

其他。

如上所述,数学的质量这一概念是一个高维的概念,并且不存在显而易见的标准排序。我相信这是由于数学本身就是复杂和高维的,并且会以一种自我调整及难以预料的方式而演化;上述每种质量都代表了我们作为一个群体增进对数学的理解及运用的一种不同方式。至于上述质量的相对重要性或权重,看来并无普遍的共识。这部分地是由于技术上的考虑——一个特定时期的某个数学领域的发展也许更易于接纳一种特殊的方法;部分也是由于文化上的考虑——任何一个特定的数学领域或学派都倾向于吸引具有相似思维、喜爱相似方法的数学家。这同时也反映了数学能力的多样性:不同的数学家往往擅长不同的风格,因而适应不同类型的数学挑战。

我相信"好数学"的这种多样性和差异性对于整个数学来说是非常健康的,因为这允许我们在追求更多的数学进展及更好的理解数学这一共同目标上采取许多不同的方法,并开发许多不同的数学天赋。虽然上述每种质量都被普遍接受为是数学所需要的质量,但以牺牲其他所有质量为代价来单独追求其中一两种却有可能变成对一个领域的危害。考虑下列假想的(有点夸张的)情形:

一个领域变得越来越华丽怪异,在其中各种单独的结果为推广而推广,为精致而精致,而整个领域却在毫无明确目标和前进感地随意漂流。

一个领域变得被令人惊骇的猜想所充斥,却毫无希望地在其中任何一个猜想上取得严格意义上的进展。

一个领域变得主要通过特殊方法来解决一群互不关联的问题,却没有统一的主题、联系或目的。

一个领域变得过于枯燥和理论化,不断地用技术上越来越形式化的框架来重铸和统一以前的结果,后果却是不产生任何令人激动的新突破。

一个领域崇尚经典结果,不断给出这些结果的更短、更简单以及更优美的证明,却不产生任何经典著作以外的真正原创的新结果。

在上述每种情形下,有关领域会在短期内出现大量的工作和进展,但从长远看却有边缘化和无法吸引更年轻的数学家的危险。

幸运的是，当一个领域不断接受挑战，并因其与其他数学领域（或相关学科）的关联而获得新生，或受到并尊重多种“好数学”的文化熏陶时，它不太可能会以这种方式而衰落。这些自我纠错机制有助于使数学保持平衡、统一、多产和活跃。

现在让我们转而考虑前面提出的另一个问题，即我们到底该不该试图对“好数学”下定义。下定义有让我们变得傲慢自大的危险，特别是，我们有可能因为一个真正数学进展的奇异个例不满足主流定义而忽视它。另一方面，相反的观点——即在任何数学研究领域中所有方法都同样适用并该得到同样资源，或所有数学贡献都同样重要——也是有风险的。那样的观点就其理想主义而言也许是令人钦佩的，但它侵蚀了数学的方向感和目的感，并且还可能导致数学资源的不合理分配。真实的情形处于两者之间，对于每个数学领域，现存的结果、传统、直觉和经验（或它们的缺失）预示着哪种方法可能会富有成效，从而应当得到大多数的资源；哪种方法更具试探性，从而或许只要少数有独立头脑的数学家去进行探究以避免遗漏。比方说，在已经发展成熟的领域，比较合理的做法也许是追求系统方案，以严格的方式发展普遍理论，稳妥地沿用卓有成效的方法及业已确立的直觉；而在较新的、不太稳定的领域，更应该强调的也许是提出和解决猜想，尝试不同的方法，以及在一定程度上依赖不严格的启示和模拟。因此，从策略上讲比较合理的做法是，在每个领域内就数学进展中什么质量最应该受到鼓励做一个起码是部分的（但与时俱进的）调查，以便在该领域的每个发展阶段都能最有效地发展和推进该领域。比方说，某个领域也许急需解决一些紧迫的问题；另一个领域也许在翘首以待一个可以理顺大量已有成果的理论框架，或一个宏大的方案或一系列猜想来激发新的结果；其他领域则也许会从对关键定理的新的、更简单及更概念化的证明中获益匪浅；而更多的领域也许需要更大的公开性，以及关于其课题的透彻介绍，以吸引更多的兴趣和参与。因此,对什么是好数学的定义会并且也应当高度依赖一个领域自身的状况。这种定义还应当不断地得到更新与争论,无论是在领域内还是通过旁观者。如前所述,有关一个领域应当如何发展的调查,若不及时检验和更正,很有可能会导致该领域内的不平衡。

上面的讨论似乎表明评价数学质量虽然重要,却是一件复杂得毫无希望的事情,特别是由于许多好的数学成就在上述某些质量上或许得分很高,在其他质量上却不然;同时,这些质量中有许多是主观而难以精确度量的(除非是事后诸葛)。然而,一个令人瞩目的现象是:上述一种意义上的好数学往往倾向于导致许多其他意义上的好数学,由此产生了一个试探性的猜测,即有关高质量数学的普遍观念也许毕竟还是存在的,上述所有特定衡量标准都代表了发现新数学的不同途径,或一个数学故事发展过程中的不同阶段或方面。

快乐家庭

陶哲轩从小长在澳大利亚,热爱澳大利亚文化,他幽默地说:"这不代表我时常和野外的鳄鱼们相扑,但我确实喜欢 Vegemite(这是一种食物酱)肉馅饼、澳式足球、欧式足球、板球、撞球,和澳洲人和蔼、诚实及轻松的文化。"

由于不会中文,陶哲轩无法直接了解中国文化。不过,父母的中国背景多少对他产生了一些间接影响。他说:"在我成长过程中,中国和澳大利亚文化对我都有熏陶,我不知道自己是否能够区分其间的差别。"

陶象国则提到,陶哲轩从中国文化里学到的一点是保持谦逊,从不自大。

在加州大学洛杉矶分校任教以后，陶哲轩认识了听他课的一位韩裔女孩。这位女孩名叫劳拉(Laura)，主修工程，年龄比他小三岁。后来，两人开始交往，并结婚，生有一子。劳拉目前是美国宇航局喷气推进实验室(JPL)的一名工程师，参与了火星探测计划。

陶象国说，陶哲轩一家是快乐家庭生活的一个好典型，“我们和哲轩都觉得，做人最重要的是快乐”。

从 2007 年开始，陶哲轩开始将自己给博士开的数学课的讲义贴在博客上，读者可以上网 http：//www. math. ucla. edu/～tao/查看。

2008 年 6 月 18 日初稿，2010 年 11 月 28 日修改，2011 年 5 月 17 日增补

8 从日本的猜数游戏到奇妙的数字“黑洞”

音乐能激发或抚慰情怀，绘画使人赏心悦目，诗歌能动人心弦，哲学使人获得智慧，科学可改善物质生活，但数学能给予以上一切。

——克莱因

我们能够期待，随着教育与娱乐的发展，将有更多的人欣赏音乐与绘画。但是，能够真正欣赏数学的人是很少的。——贝尔斯

代数是搞清楚世界上数量关系的能让人聪明的工具。——怀特海

数学是理解模式与分析模式关系的最有威力的工具——只要在今后的两千年里，文明继续进步，人类思想中压倒一切的新事物，将是数学理智的统治。——怀特海

日本的猜数游戏

小松子在学校学到一种猜数的游戏，回来告诉妈

妈:“妈妈,我们同学在玩一种游戏,你只要心中随便想一个数,我都有法子猜出来。”

小松子要妈妈马上想一个数。

“我想好了,你猜是什么数?”

“没有这样快,你把这数乘上5,不要告诉我这个乘积。”

“好!我已乘好了。现在你猜出来没有?”

“不要急,妈妈!现在把这新的数加上6。”

妈妈表示算好了。“请再把这数乘上4。”

妈妈不习惯心算,就拿一张纸用笔开始算。

“把这数加上9,然后再把这和乘上5。”

妈妈就依照小松子所说的去算。

“现在你可以告诉我结果是什么?”

妈妈说:“3 765。”

小松子马上说:“妈妈,你想的数是36,是吗?”

妈妈惊奇地说:“是的,这就是我的年龄。你怎么猜出来呢?”

“我先不告诉你,你再想一个数。”

妈妈于是在纸上写一个数。

小松子说:“先乘5,然后加6,再乘4,然后加9,最后再乘5。现在告诉我你算的答案。”

妈妈说:“198 165。”

小松子说:“你想的是1 980,是吗?”

妈妈说:“对的,让我看看你是怎么样猜出的?你是不是减掉165,然后除以100?”

“是的,妈妈你怎么知道呢?”小松子惊异地说。

“我只是把198 165和1 980比较了一下,发觉有这样的关系,然后检验了一下刚才我算的3 765,(3 765－165)÷100＝3 600÷100＝36,就猜中了”

“是的,这个方法是对的。”

“妈妈，你不要告诉爸爸，让我今晚试试爸爸，看他是否可以发现这个方法？”

吃过晚饭后，爸爸检查松子在学校的作业，并询问她在学习上有什么困难。小松子摇摇头，然后对爸爸说她在学校学到一种游戏，要爸爸和她一起玩。

爸爸听了小松子的游戏，就在纸上计算，最后对小松子笑笑说：“是不是把最后的数减去 165，然后除以 100 就可以得到你最初想的数？”

小松子惊异地说：“咦！是不是你听妈妈讲过这个方法呢？”

爸爸摇摇头说：“我是用下面的方法想出你的秘诀的。不论想的是什么数，我用字母 x 来表示，照你所讲的方法我得到：

$$\begin{aligned}&((((x\times 5)+6)\times 4)+9)\times 5\\=&(((5x+6)\times 4)+9)\times 5\\=&((20x+24)+9)\times 5\\=&100x+165\end{aligned}$$

因此如果这最后的数是 y，我只要写

$$100x+165=y$$

$$100x=y-165$$

$$x=(y-165)\div 100$$

你看这方法是不是很容易就可以得到你的秘诀？

利用这个方法，你可以在其他类似的游戏中猜出别人心里想的数，你只要把这个数用 x 表示就行了。”

爸爸是利用代数工具解决以上问题的，小松子由这里明白了创造类似猜数游戏的方法。

俄国诗人莱蒙托夫的算术题

莱蒙托夫

在19世纪，俄国有一位出名的诗人名叫莱蒙托夫（M. Lermontov，1814—1841），一些喜欢外国文学的读者可能读过他的作品。

沙皇时代的作家，很少像写《战争与和平》的托尔斯泰及诗人莱蒙托夫那样，对数学很有兴趣。托尔斯泰曾利用小说写关于数学的问题，莱蒙托夫却用数学来消遣。我读过关于他的一个故事：

1841年莱蒙托夫是驻扎在阿那巴要塞的钦金兵团的军官。军官们闲来无事便喝酒聊天。有一次，大家谈到某个红衣主教，有人就说他很有学问，能心算最复杂的数学问题。

一个佩带乔治勋章的老营长对莱蒙托夫说："你怎样看？人家也说你是一位好数学家。"

"这没有什么奇怪，如果你愿意的话，我也可以把极妙的数学经验介绍给你。"

"请你讲讲吧！"其他的军官也好奇地问莱蒙托夫。

"请随便想一个什么数，我可以依靠普通的算术运算，确定你所想的是什么数。"

"好吧！请你试一下。"老头子笑了起来。他心里是有些不相信，"我应该想多大的数呢？"

"这没有什么分别，但在第一次试验时，为了计算得快些，限制两位数吧！"

"好吧，我想好了。"营长说，同时他向站在周围的军官们使了一个怀疑的眼色,并把他所想的数,悄悄地告诉了坐在他身旁的一位太太。

“请你把想好的数加上一个 25,心里计算一下或用纸记下来。”

老头子要了支铅笔,开始在纸上记了一下。

“现在请你再加上一个 125。”

老头子加了一下。

“现在减去 37。”

老头子照减。

“再减去你所想好的数。”

老头子再减。

“现在把得到的差乘 5,然后把得到的积除以 2。”

老头子照着做,这时他听到莱蒙托夫说:“现在让我们看一下,你所得的答数是多少?……如果我没有弄错,似乎应当是 $282\frac{1}{2}$,对吗?”

营长几乎跳了起来——莱蒙托夫计算的精确使他感到惊讶。“是的,$282\frac{1}{2}$是完全对的。我想的数是 50。”接着,他又把他所做的计算重新校对了一遍。“确实是 $282\frac{1}{2}$,你难道是魔术师吗?”

“魔术师?倒并不是,但数学是学过的。”莱蒙托夫微笑道。

“但是,且慢……”老头子显然有点疑惑:在他计算的时候,莱蒙托夫有没有偷看了他的数呢?“可以重演一次吗?”

于是,老头子在纸上记下一个他所想的数,放在烛台下面,谁也不给看,然后开始用心算计算诗人所告诉他的一些数。而这次计算后所得出的一个数也被猜中了。

大家都感觉兴趣。老头子唯有做做手势表示惊异。家中的女主人要求再试验一次,结果这一次的试验也是成功的。

于是要塞里都谈论这件事情。不论诗人走到哪里，总有人要求他猜测计算后所得的数。他总是答应他们的要求，后来他厌烦了。过了几天，在一个晚会上，他公开了秘密。

我想聪明的读者用以上小松子爸爸的方法，就可以明白莱蒙托夫玩的把戏。你或许会注意到在一百多年前，俄国军官的数学程度是很低，这样简单的数学道理也看不透。

以上的东西不太深奥，有趣的还是下面我的发现。

我的病中发现

有一次我病倒在床上，头痛，鼻子又流血，于是我放弃搞我的研究，在床上看探险小说，吃我自己发明的"药方"——红萝卜煮稀饭，加点放了黄糖的牛奶，先饿上大半天，让"虚火"下降。我不喜欢吃药和看医生，相信自然疗法，于是拿自己当试验品。病果然是好些。

探险小说看完，头还是痛，不敢搞数学研究，看天花板看得太久，又觉得百般无聊，于是拿起一张纸和一支笔，就像小孩子一样做加减法。我想就在简单的数的加减中，可能会发现一些有趣味的东西。

我先从简单的两位数开始，取一个个位数与十位数不一样的两位数，比方说 12。我把它颠倒次序，变成 21，然后做减法（当然用大数减去小数）：

$$21-12=9$$

我把 9 看成 09，然后再颠倒次序得 90，再减，得 90－09＝81。

我把 81 颠倒次序，得到 18，于是用减法我得 81－18＝63。

我再用刚才的方法运算：63－36＝27。

再继续运算：72－27＝45。

我再计算：54－45＝9。

这时我就停止，不必算了，因为再算下去就会重复前面的结果，最后又回到9上。

我拿13来算，得：

$$\begin{array}{r} 31 \\ -13 \\ \hline 18 \end{array} \quad \begin{array}{r} 81 \\ -18 \\ \hline 63 \end{array} \quad \begin{array}{r} 63 \\ -36 \\ \hline 27 \end{array} \quad \begin{array}{r} 72 \\ -27 \\ \hline 45 \end{array} \quad \begin{array}{r} 54 \\ -45 \\ \hline 9 \end{array} \quad \begin{array}{r} 90 \\ -\ 9 \\ \hline 81 \end{array}$$

我拿14来算，得：

$$\begin{array}{r} 41 \\ -14 \\ \hline 27 \end{array} \quad \begin{array}{r} 72 \\ -27 \\ \hline 45 \end{array} \quad \begin{array}{r} 54 \\ -45 \\ \hline 9 \end{array} \quad \begin{array}{r} 90 \\ -\ 9 \\ \hline 81 \end{array} \quad \begin{array}{r} 81 \\ -18 \\ \hline 63 \end{array} \quad \begin{array}{r} 63 \\ -36 \\ \hline 27 \end{array}$$

我拿82来算，得：

$$\begin{array}{r} 82 \\ -28 \\ \hline 54 \end{array} \quad \begin{array}{r} 54 \\ -45 \\ \hline 9 \end{array}$$

这真是奇怪，好像是有一些规律出现：这样减后的数，个位数和十位数的和一定是9，最后的运算总会跑到9这个数上！

我试试另外一些数：83和91。

$$\begin{array}{r} 83 \\ -38 \\ \hline 45 \end{array} \quad \begin{array}{r} 54 \\ -45 \\ \hline 9 \end{array}$$

$$\begin{array}{r} 91 \\ -19 \\ \hline 72 \end{array} \quad \begin{array}{r} 72 \\ -27 \\ \hline 45 \end{array} \quad \begin{array}{r} 54 \\ -45 \\ \hline 9 \end{array}$$

我的天！怎么又出现9呢？

这时我想，任何个位数和十位数不一样的两位数A，用以上的方法我可以得到一个新的数。我把这新数的各位数字颠倒次序，又得到一个数，然后选那新数和现在这个数两者中的较大者，用 B 表示。我用箭头“→”把这个过程写成：$A \to B$。这表示 B 是由 A 而来。我把刚才算过的一些例子用这种表示法得到下面的：

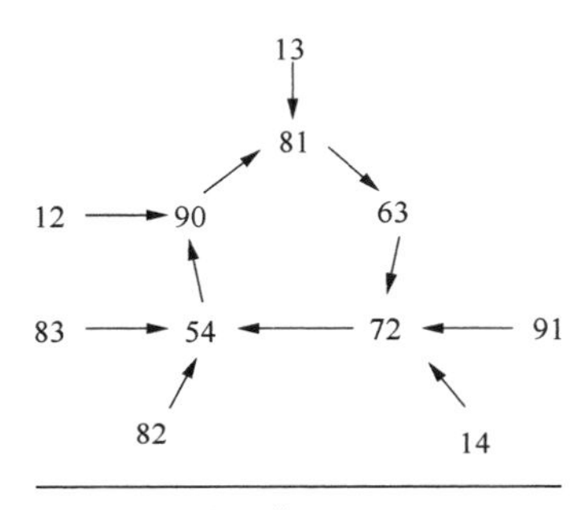

两位数世界的“黑洞”

现在有许多天文学家相信宇宙有一种星体叫“黑洞”，它具有非常大的质量和引力，光线不会从它身上逸出，如果星体经过它的引力范围，就会吸进而不能出来。看来我是发现了两位数世界的“黑洞”，它们只要一进入由 90，81，63，72，54 组成的环，就会永远出不来，一直在里面绕呀绕。

我本来想要深入研究为什么会这样，但是我想到我是在病中，头又痛，不要又钻进这问题，给那本来极需休息的脑瓜子再加负担，于是我就没有再钻研。

现在我拿这个小发现出来，希望读者们能自己也算一算，并且研究一下为什么会有这现象，你会发现数学世界的许多有趣现象。说不定通过这个小研究，会引导你到以前没有人注意的另外一个世界呢。

三位数的奇妙性质

我刚才说我找到了两位数世界的“黑洞”，很自然地，我就想是否在三位数世界也有“黑洞”存在？于是我又开始我的旅行了。

我住的房子是107号，于是我就想象我要从107号星球到另外一个星球去。我将1,0,7先从大到小排好，得到的三位数是710，减掉从小到大排出的数017，也就是710－017＝693。

我的下一个星球就是由6,9,3从大到小排出的数，即963。

于是我画一个箭头“→”，写成107→963。

从963我算得：963－369＝594。

于是我有107→963→954。

由954我得到：954－459＝495。

因此根据我以上的走法，我又回到954了，即

107→963→954 ↻

我想到《广角镜》的地址是在184号，于是我在第二次就由184号星球出发：

841－148＝693

奇怪！我有：184→963→954 ↻

我的好朋友老牟住在118号，于是我就从118开始算，结果是

118→963→954

常与我通信的小黄弟弟住在121号。我就算：

$$\begin{array}{r} 211 \\ -112 \\ \hline 099 \end{array} \qquad \begin{array}{r} 990 \\ -\ \ 99 \\ \hline 891 \end{array} \qquad \begin{array}{r} 981 \\ -189 \\ \hline 792 \end{array} \qquad \begin{array}{r} 972 \\ -279 \\ \hline 693 \end{array}$$

我得到：121→990→981→972→963→954 ↻

能说善道又颇有文才的老董是住在606号。由此我得到：

606→954 ↻

从事电子计算机研究工作的周大姐，她的工作地址是251号，于是我计算得到：

251→963→954 ↻

真是奇妙！我从不同的星球出发，最后都要落到 954 去。这是偶然现象，还是必然现象呢？我只试了 6 个星球，而在三位数世界里却有几百个星球，是否每个星球都会最后落到 954 去呢？或许会有例外的情形，我还没有发现到呢？

我就再拿一个数来试验，很自然地我想到是 123：

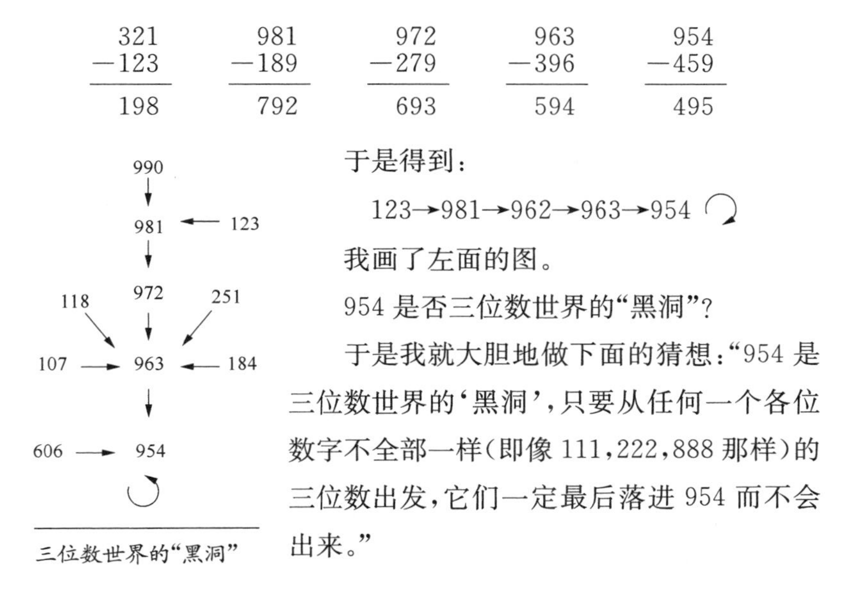

三位数世界的“黑洞”

于是得到：

123→981→962→963→954 ↻

我画了左面的图。

954 是否三位数世界的“黑洞”？

于是我就大胆地做下面的猜想：“954 是三位数世界的‘黑洞’，只要从任何一个各位数字不全部一样（即像 111，222，888 那样）的三位数出发，它们一定最后落进 954 而不会出来。”

别有天地的四位数世界

照理我有以上的猜想，应该“小心求证”吧？可是我却想，让我再多发现一些新的东西，证明或者就让其他对数学有兴趣的朋友去证好了。我就像 15—16 世纪的探险家，在茫茫的大海，孤苦伶仃地过了漫长的日子，发现了几个小岛后，马上燃起发现新大陆的强烈欲望，又要远航了，不愿意留在那小岛上过日子。这小岛就让别人去开发吧。

古代的希腊哲学家，会钻牛角尖地研究人与其他动物不同的地方,最后得到一个人的定义:“人是会讲话的动物。”后来唯物学派的大师又发现:“人是会使用工具生产劳动的动物。”

我有一位对哲学很有研究的朋友对我说:“人是有灵魂的动物。”我想我如果说“人是‘永远不会满足的动物’”,是不是比其他这几个区分人和动物的说法更确切些呢?

我躺在床上,脑子想的就是这些乱七八糟的东西,目的就是为我的不满足而辩解。因为我马上不知足,又要离开三位数世界跑到四位数世界去了。唉!人总是爱自寻烦恼。

我拿一个骰子,连续丢四次,我得到的第一个四位数是 5 462。我就写下把它各位数字从大到小排出的新数 6 542 和从小到大排列出的新数 2 456,然后算它们的差,得 4 086。我的运算如下:

$$\begin{array}{r} 6\,542 \\ -2\,456 \\ \hline 4\,086 \end{array} \quad \begin{array}{r} 8\,640 \\ -0\,468 \\ \hline 8\,172 \end{array} \quad \begin{array}{r} 8\,721 \\ -1\,278 \\ \hline 7\,443 \end{array} \quad \begin{array}{r} 7\,443 \\ -3\,447 \\ \hline 3\,996 \end{array}$$

$$\begin{array}{r} 9\,963 \\ -36\,99 \\ \hline 6\,264 \end{array} \quad \begin{array}{r} 6\,642 \\ -2\,466 \\ \hline 4\,176 \end{array} \quad \begin{array}{r} 7\,641 \\ -1\,467 \\ \hline 6\,174 \end{array}$$

我再算下去又回到 6 174 了。用我以前的写法:

$$5\,462 \rightarrow 8\,640 \rightarrow 8\,721 \rightarrow 7\,443 \rightarrow 9\,963 \rightarrow 6\,642 \rightarrow 7\,641$$

我非常高兴,是不是 7 641 是四位数世界的“黑洞”呢?

这时我嫌掷骰子太费事想要偷懒,就打开我的记事簿,拿我朋友的电话号码来算。我先抄下几个号码:① 3 331 ② 8 303 ③ 7 863 ④ 2 126 ⑤ 2 314 ⑥ 5 473。于是我就开始计算:

$$① \quad \begin{array}{r} 3\,331 \\ -1\,333 \\ \hline 1\,998 \end{array} \quad \begin{array}{r} 9\,981 \\ -1\,899 \\ \hline 8\,082 \end{array} \quad \begin{array}{r} 8\,820 \\ -0\,288 \\ \hline 8\,532 \end{array} \quad \begin{array}{r} 8\,532 \\ -2\,358 \\ \hline 6\,174 \end{array} \quad \begin{array}{r} 7\,641 \\ -1\,467 \\ \hline 6\,174 \end{array}$$

$$② \quad \begin{array}{r} 8\,330 \\ -0\,338 \\ \hline 7\,992 \end{array} \quad \begin{array}{r} 9\,972 \\ -2\,799 \\ \hline 7\,173 \end{array} \quad \begin{array}{r} 7\,731 \\ -1\,377 \\ \hline 6\,354 \end{array} \quad \begin{array}{r} 6\,543 \\ -3\,456 \\ \hline 3\,087 \end{array} \quad \begin{array}{r} 8\,730 \\ -0\,378 \\ \hline 8\,352 \end{array}$$

$$\begin{array}{r} 8\,532 \\ -2\,358 \\ \hline 6\,174 \end{array}$$

$$③\quad \begin{array}{r} 8\,763 \\ -3\,678 \\ \hline 5\,085 \end{array} \qquad \begin{array}{r} 8\,550 \\ -0\,558 \\ \hline 7\,992 \end{array}$$ 很巧！可以连到②的计算

$$④\quad \begin{array}{r} 6\,221 \\ -1\,226 \\ \hline 4\,995 \end{array} \qquad \begin{array}{r} 9\,954 \\ -4\,599 \\ \hline 5\,355 \end{array} \qquad \begin{array}{r} 5\,553 \\ -3\,555 \\ \hline 1\,998 \end{array} \qquad \begin{array}{r} 9\,981 \\ -1\,899 \\ \hline 8\,082 \end{array} \qquad \begin{array}{r} 8\,820 \\ -0\,288 \\ \hline 8\,532 \end{array}$$

$$\begin{array}{r} 8\,532 \\ -2\,358 \\ \hline 6\,174 \end{array}$$

可以连到①的计算

$$⑤\quad \begin{array}{r} 4\,321 \\ -1\,234 \\ \hline 3\,087 \end{array} \qquad \begin{array}{r} 8\,730 \\ -0\,378 \\ \hline 8\,352 \end{array} \qquad \begin{array}{r} 8\,532 \\ -2\,358 \\ \hline 6\,174 \end{array}$$

$$⑥\quad \begin{array}{r} 7\,543 \\ -3\,457 \\ \hline 4\,086 \end{array} \qquad \begin{array}{r} 8\,640 \\ -0\,468 \\ \hline 8\,172 \end{array} \qquad \begin{array}{r} 8\,721 \\ -1\,278 \\ \hline 7\,443 \end{array} \qquad \begin{array}{r} 7\,443 \\ -3\,447 \\ \hline 3\,996 \end{array}$$

$$\begin{array}{r} 9\,963 \\ -3\,699 \\ \hline 6\,264 \end{array} \qquad \begin{array}{r} 6\,642 \\ -2\,466 \\ \hline 4\,176 \end{array}$$

实在巧妙！它们都跑到 7 641 去了！

我这时猜想：7 641 是四位数世界的“黑洞”，只要从任何一个各位数字不全一样(即如 2 222，5 555 之类)的数出发，它们一定最后落进 7 641 而不会出来！或许在更高位数的世界也有黑洞。我已累了！不想再研究下去。让我把这个烦恼丢给那些喜欢数学和思考的读者，只要他们一接触到这问题，保证他们会好奇得很，一直地钻研下去。

——1980 年 5 月写于大病方愈之中

动脑筋想想看

1. 有一个送货员骑自行车送货到一个城市,如果他以 30 公里/小时的速度行进,他会在早上 11 点到该城市,如果他以 20 公里/小时的速度行进,他会在下午 1 点到达。为了能在 12 点整送货到那城市,他应该以多大的车速进行?(许多读者可能会以为每小时 25 公里,但这是错的。)这送货员所在的位置和城市相距多远?

2. “四代同堂”的数学问题　爸爸对祖父说:“真是奇怪!我现在的岁数和小宝的岁数的乘积等于将我们岁数的各位数字倒排(即 45 变成 54)后相乘的乘积。而我们的岁数又不能被 11 整除。”

祖父看了看这个乘积说:“这也没有什么奇怪。我的岁数和小宝的岁数的乘积,也是等于将我们岁数的各位数字倒排后相乘的乘积。”

曾祖父听到他们的对话跑来看:“唉呀!真是稀奇!我的岁数和我曾孙岁数的乘积,也等于岁数各位数字倒排后的乘积。”

聪明的读者,你能不能算出小宝今年多少岁呢?

3. 写于距离现在 300 多年的数学书《算法统宗》(程大位著,1592 年出版)中有许多数学问题是以诗歌的形式出现。这里介绍其中一题:“甲赶群羊逐草茂,乙拽一羊随其后,戏问甲及一百否?甲云所说无差谬,若得这般一群凑,再添半群小半群,得你一只来方凑。玄机奥妙谁猜透?”

把这题“百羊题”翻译成现代的白话大意是:甲赶一群羊去寻找茂盛的草地,乙牵着一只羊随后跟上。乙问甲的羊群是否有一百只。甲回答:“如果能把这一群羊的数目加一倍,再加上这一群羊的数目的一半,又加上这原来数目的四分之一(小半群),再凑上你的一只羊，刚好就是一百只。”

为了让我们的老祖宗高兴，我们就用代数方法解以上的问题。

4. 100 年前法国数学家卢卡(E. Lucas)发现下面的美丽数字梯形：

$$1\times 9+2=11$$
$$12\times 9+3=111$$
$$123\times 9+4=1\ 111$$
$$1\ 234\times 9+5=11\ 111$$
$$12\ 345\times 9+6=111\ 111$$
$$123\ 456\times 9+7=1\ 111\ 111$$
$$1\ 234\ 567\times 9+8=11\ 111\ 111$$
$$12\ 345\ 678\times 9+9=111\ 111\ 111$$
$$123\ 456\ 789\times 9+10=1\ 111\ 111\ 111$$

你能不能找到类似的用数巧妙组成的美丽图形?

5. 设 S 是一个五位数而且 5 个数字不全相同，把 S 的各位数字按递减的次序排列，得到的数记作 $M(S)$；然后把 S 的各位数字按递增次序排列，得到的数记作 $m(S)$，记差 $M(S)-m(S)=K(S)$。从 S 到 $K(S)$ 的变换用符号 $S\to K(S)$ 表示。你会看到，对任何一个这样的五位数连续施以这种变换，最后总会达到以下 3 个“黑洞”之一：

(1) 71 973→83 952→74 943→62 964→71 973

(2) 75 933→63 954→61 974→82 962→75 933

(3) 59 994→53 955→59 994

卡普雷卡尔

这一篇文章是写于 33 年前，后来我发现印度数学家卡普雷卡尔(Dattatreya Ramachandra Kaprekar, 1905—1986)于

1955 年发表 6 174 是四位数世界的“黑洞”的论文：

Kaprekar D. R. (1955). An Interesting Property of the Number 6174. *Scripta Mathematica* 15: 244 - 245.

我收到热情的数学爱好者纷纷写信要求解释 7 641 是四位数世界的“黑洞”的理由。

这里我试图揭露那四位数世界的神秘面貌：

(1) 四位数总共有 9 999－999＝9 000 个，其中除去四位数字全相同的，余下 9 000－10＝8 990 个四位数字不全相同的。我们首先证明，变换 $K: S \to M(S)-m(S)$ 把这 8 990 个数只变换成 54 个不同的四位数。

［证明］让我们假设四位数 $S=\overline{abcd}$，其中 $9 \geqslant a \geqslant b \geqslant c \geqslant d \geqslant 0$。

让我们计算第一次减法。最大数 $M(S)=1\,000a+100b+10c+d$，最小数 $m(S)=1\,000d+100c+10b+a$。

因此，$M(S)-m(S)$

$$=1\,000(a-d)+100(b-c)+10(c-b)+(d-a)$$

$$=999(a-d)+90(b-c)。$$

我们注意到 $K(S)$ 仅依赖于 $(a-d)$ 与 $(b-c)$，因为数字 a, b, c, d 不全相等，因此由 $a \geqslant b \geqslant c \geqslant d$ 可推出：$a-d>0$ 而 $b-c \geqslant 0$。

此外 b，c 在 a 与 d 之间，所以 $a-d \geqslant b-c$，这就意味着 $a-d$ 可以取 1, 2, …, 9 九个值，并且如果它取这个集合的某个值 n，$b-c$ 只能取不大于 n 的值，最大取到 n。$a-d$ 的可能值是从 1 到 9，而 $b-c$ 是从 0 到 9。

例如，若 $a-d=1$，则 $b-c$ 只能在 0 与 1 中选到，在这种情况下，$K(S)$ 只能取值：

$$999\times1+90\times0=999$$

$$999\times1+90\times1=1\,089。$$

类似地，若 $a-d=2$，$K(S)$ 只能取对应于 $b-c=0$，1，2 的 3 个值。把 $a-d=1$，$a-d=2$，…，$a-d=9$ 的情况下 $b-c$ 所可能取值的个数加起来，我们就得到 $2+3+4+\cdots+10=54$ 个。

		999(a−d)								
		1	2	3	4	5	6	7	8	9
	0	999	1998	2997	3996	4995	5994	6993	7992	8991
	1	1089	2088	3087	4086	5085	6084	7083	8082	9081
	2	1179	2178	3177	4176	5175	6174	7173	8172	9171
	3	1269	2268	3267	4266	5265	6264	7263	8262	9261
90(b−c)	4	1359	2358	3357	4356	5355	6354	7353	8352	9351
	5	1449	2448	3447	4446	5445	6444	7443	8442	9441
	6	1539	2538	3537	4536	5535	6534	7533	8532	9531
	7	1629	2628	3627	4626	5625	6624	7623	8622	9621
	8	1719	2718	3717	4716	5715	6714	7713	8712	9711
	9	1809	2808	3807	4806	5805	6804	7803	8802	9801

(2) 54 个可能值中，又有一部分如 5 355 与 5 535 这样，所含数字相同仅仅是排列顺序不同的数，这些数的变换过程完全一样（数学上称这两个数等价），剔除等价的数，在 $K(S)$的 54 个可能值中，只有 30 个是相互不等价的。

［证明］它们是：9 990，9 981，9 972，9 963，9 954，9 810，9 711，9 621，9 531，9 441，8 820，8 730，8 721，8 640，8 622，8 550，8 532，8 442，7 731，7 641，7 632，7 551，7 533，7 443，6 642，6 552，6 543，6 444，5 553，5 544。

		999(b−c)								
		1	2	3	4	5	6	7	8	9
	0	9990	9981	9972	9963	9954	9954	9963	9972	9981
	1	9810	8820	8730	8640	8550	8640	8730	8820	9810
	2		8721	7731	7641	7551	7641	7731	8721	9711
	3			7632	6642	6552	6642	7632	8622	9621
90(b−c)	4				6543	5553	6543	7533	8532	9531
	5					5544	6444	7443	8442	9441
	6						6543	7533	8532	9531
	7							7632	8622	9621
	8								8712	9711
	9									9801

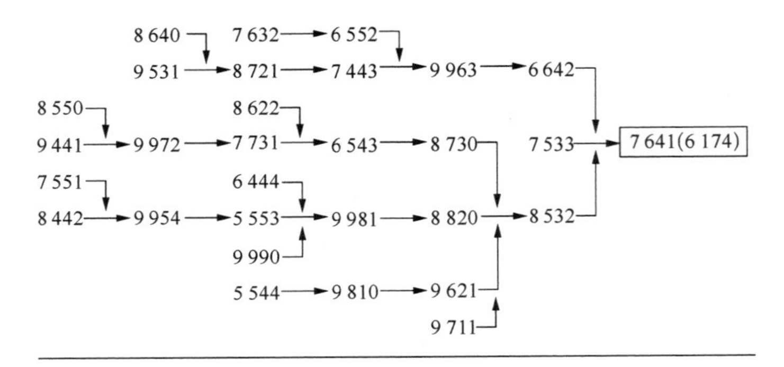

（3）至多是 7 次变换就得 6 174 这个数。

例 1　1 000→1 000－0 001＝0 999→9 990－0 999＝8 991→9 981－1 899＝8 082→8 820－0 288＝8 532→8 532－2 358＝6 174

例 2　6 264→6 642－2 466＝4 176→7 641

9 拉格朗日

——数学上崇高的金字塔

我把数学看成是一件有意思的工作，而不是想为自己建立什么纪念碑。可以肯定地说，我对别人的工作比自己的更喜欢。我对自己的工作总是不满意。

——拉格朗日

如果我继承可观的财产，我在数学上可能没有多少价值了。

——拉格朗日

一个人的贡献和他的自负严格地成反比，这似乎是品行上的一个公理。

——拉格朗日

在听到音乐的第三个音节之后，我就听不到什么东西了，我把我的思想集中在考虑问题，往往这样我解决了许多难题。

——拉格朗日

18世纪有一位数学家曾被拿破仑（Napoléon

拉格朗日

Bonaparte)以“数学上崇高的金字塔”来形容和称赞，近百年来，数学领域的许多新成果都可以直接或间接地溯源于他的贡献。你知道他是谁吗?

他就是拉格朗日(Joseph-Louis Lagrange，1736—1813)。如果有机会翻看大学的物理力学书，你就会看到许多拉格朗日有关的发现、方法和定理。拉格朗日科学研究所涉及的领域极其广泛。他在数学上最突出的贡献是使数学分析与几何、与力学脱离开来，使数学更为独立，从此数学不再仅仅是其他学科的工具。

拉格朗日在1736年1月25日诞生于意大利的都灵市(Turin)，1813年4月10日去世于法国的巴黎，是法国最杰出的数学大师。

他的父亲是负责萨地拿区的军事官员，在当地算是有相当地位及财富的，他共有11个孩子，拉格朗日是长子，其他大部分都夭折，只有少数生存到成年。

拉格朗日在都灵学校念书时，要学一些古典文学、希腊文，在数学家雷韦利(Revelli)的教导下，读一点欧几里得(Euclid)的《几何原本》和阿基米德(Archimedes)的一些几何工作。可是他对这些数学并不感兴趣。17岁时有一天，他读到英国数学家、天文学家哈雷(Edmond Halley)在《哲学会报》(*Philosophical Transactions*)发表的“近世代数在一些光学问题上的优点”(*On the excellence of the modern algebra in certain optical problems*)，介绍牛顿(Isaac Newton)有关微积分的短文，引起了他对数学的兴趣，他开始研究和探索数学。

少年时，他的父亲因搞投机买卖，把家产用尽。拉格朗日后来回顾这段本来可以继承一大笔财产、转眼之间变成穷光蛋的日子时，这样评述:“这是好事，如果我继承了财产，可能我就不会搞数学了。”这是很可能的事，因为父亲一心想把他培养成为一名律师，拉格朗日个人却对法律毫无兴趣。否则意大利多了一个纨绔子弟，而人类就少了一名杰出的数学家。

18岁时，拉格朗日用意大利语写了第一篇论文，内容是用牛顿二项式定理处理两函数乘积的高阶微商，寄给数学家法尼亚诺（Giulio Carlo de Toschi de Fagnano），后又用拉丁语书写寄给在柏林科学院任职的数学家欧拉（Leonhard Euler）——当时欧洲最著名的数学家。可是当年8月他看到了公布的莱布尼茨（Gottfried Wilhelm Leibniz）同伯努利（J. Bernoulli）的通信，披露的这个内容，即后来的莱布尼茨公式，他获知这一成果早在半个世纪前就被莱布尼茨取得了。这个并不幸运的开端并未使拉格朗日灰心，相反，更坚定了他投身数学分析领域的信心。

1755年8月12日拉格朗日19岁时，他写信给欧拉讲他解决了“等周问题”，给出了用纯分析方法求变分极值的提要；欧拉在9月6日回信中称此工作很有价值。拉格朗日本人也认为这是第一篇有意义的论文，对变分法创立有贡献。这是50多年来众人讨论的问题，拉格朗日为了解决这问题创立了变分学。欧拉发现拉格朗日的方法比他以前找到的还要好，为了使这年轻人能完成这工作，他把自己的研究结果收起来不发表，并鼓励拉格朗日继续这方面的工作，于是就有了后来数学的一个新分支——变分学。

欧拉

变分学是研究力学的一个重要工具。拉格朗日用纯分析的方法求变分极值。第一篇论文“极大和极小的方法研究”，发展了欧拉所开创的变分法，为变分法奠定了理论基础。变分法的创立，使拉格朗日在都灵声名大震，并且他在19岁时就掌握了当时的

“现代数学分析”。都灵市的皇家炮兵学校请他当教授,他要教比他大许多的学生的数学,成为当时欧洲公认的第一流数学家。1756年,受欧拉的举荐,拉格朗日被任命为普鲁士科学院通讯院士。

他在19岁时写关于变分学的基础工作的时候,就已经决定以后用来处理固体和流体的力学问题。

你会问:“你是不是在兜售‘神童天才论’? 哪有这样聪明的人呢? 我是否也能像他那样?”

我的回答是:世界这么大,各种人有各种各样的才能。有些人能在适当的条件和机会下,发挥自己的才华,做出对人类有贡献的事业,他就算是一个有用的人。有些人则像高尔基所说的不能燃烧的木材,在泥沼里逐渐腐烂。一个人什么时候有成就不是重要的事,最重要的是在他生命结束之前,他已做出了对人类有益的事。拉格朗日就是这样的一个人,或许这点我们可以向他学习。

1764年,法国科学院悬赏征文,要求用万有引力解释月球天平动问题,结果拉格朗日的研究获奖。接着他又成功地运用微分方程理论和近似解法研究了科学院提出的一个复杂的六体问题(木星的四个卫星的运动问题),为此又一次于1766年获奖。

他在23岁时已经梦想写一本叫作《解析力学》的书,他想他的变分学可用来处理一般力学问题,就像牛顿所发现的重力原理可以用来处理天体力学一样。

达朗贝尔

10年之后他写信给法国数学家达朗贝尔(Jean Le Rond d'Alembert,1717—1783),表示他19岁时发现的变分学是一项重要的工作,由于这个发现他能够统一处理力学问题。

他的看法今天还证明是正确的。

22 岁创立一个学会

在 1758 年他建立了一个学会，讨论物理、天文及数学的问题，并连续出版 5 大册科学上的论著，这些论著包含了他 9 年来不停的研究成果。书完成之后，他的健康也受损，后来他常常感到忧郁。

他的第一册是关于声波的传播。他在里面指出牛顿对声波看法的一个错误，而且得到声波运动的微分方程。

在这册里还有一篇是关于弦振动问题的解说。在这之前，泰勒(Brook Taylor)、达朗贝尔及欧拉曾考虑过同样的问题，可是没有得到全部的解答。现在拉格朗日得到运动的曲线在任何时间 t 是形如

$$y = a\sin(mt)\sin(nt)$$

然后他讨论回声、节拍及混声，用到了概率论和变分学。

第二册是利用变分学来解决一些力学问题。

第三册是专讲解析力学的，也用到变分学。他也考虑一些积分学的问题，并解决了法国数学家费马(Pierre de Fermat)提出的一个数论问题："如果 n 是一个非平方整数，找所有的 x 使得 x^2n+1 是平方数。"

他也讨论了三个物体在互相吸引之下运动的一般微分方程。

人们很早用望远镜发现月球总是有一面对着地球，月球绕地球转动，也会自转，为什么有以上奇怪的现象？另外一个面为何羞答答地不让人们看到？

在 1764 年拉格朗日对以上的问题用力学来考虑，他用"虚功"解决了以上的问题。

1766年欧拉离开了普鲁士,他推荐拉格朗日继承他的职位。腓特烈大帝(Frederic the Great)亲自写聘书:"欧洲最伟大的国王希望欧洲最伟大的数学家能在他的宫廷里工作。"于是他应邀前往柏林,任普鲁士科学院数学部主任,一待就待了20年,开始了他一生科学研究的鼎盛时期,被腓特烈大帝称作"欧洲最伟大的数学家"。

在这期间写下了他的名著——《解析力学》(*Analytique Mechanics*)。这是牛顿之后的一部重要的经典力学著作。书中运用变分原理和分析的方法,建立起完整和谐的力学体系,使力学分析化了。他在序言中宣称:力学已经成为分析的一个分支。在柏林工作的前10年,拉格朗日把大量时间花在代数方程和超越方程的解法上,做出了有价值的贡献,推动了代数学的发展。他提交给柏林科学院两篇著名的论文——"关于解数值方程"和"关于方程的代数解法的研究",把前人解三四次代数方程的各种解法,总结为一套标准方法,即把方程化为低一次的方程(称辅助方程或预解式)以求解。

他在这20年里工作惊人,写了100~200篇的论文给柏林科学院、都灵学会及巴黎科学院,有一些还是厚厚的巨册。他工作的方式是这样的:当他决定写东西,就拿起笔一直写下去,一笔呵成,很少有改动的地方,而且行文严谨文笔优美,很少错误。他的《解析力学》,后来被爱尔兰的数学家和天文学家哈密顿(William Rowan Hamilton)称赞为"科学上的诗歌"。

1783年,拉格朗日的故乡建立了"都灵科学院",他被任命为名誉院长。1786年腓特烈大帝去世以后,他接受了法王路易十六的邀请,离开柏林,定居巴黎,直至去世。

这期间他参加了巴黎科学院成立的研究法国度量衡统一问题的委员会,并出任法国米制委员会主任。1799年,法国完成统一度量衡工作,制定了被世界公认的长度、面积、体积、质量的单位,拉格朗日为此做出了巨大的努力。

51 岁定居法国

拉格朗日的父亲最初希望他能成为一个律师，因为这个职业，生活较有保障，他也顺从地去念。在大学他接触到物理和数学之后，就觉得自己应该是往科学方面发展的，于是不顾父亲的反对，从事数学的研究工作。

我想如果他不依照自己的兴趣和意念，而是照父亲所希望的道路走去，最后他也可能成为一个律师，不过是一个碌碌无为的律师，不可能在科学上有这样大的贡献。

他还很幸运遇见了欧拉这位大师，欧拉不但在变分学上对拉格朗日的工作给予了很高的评价，而且在他 23 岁时把他推选进柏林的科学院，给予他很大的鼓励。欧拉还设法和法国大数学家达朗贝尔联名向德皇推荐，使他能来德国成为“宫廷数学家”。

直到 1786 年 8 月 17 日，德国腓特烈大帝去世，继承帝位的新皇并不对科学太重视，而且不太喜欢“外国科学家”，拉格朗日就决定离开德国。

这时法国路易十六邀他来法国巴黎工作，并且成为法国科学院的一名成员。之后他便住在罗浮宫直到法国大革命发生。拉格朗日总结了 18 世纪的数学成果，同时又为 19 世纪的数学研究开辟了道路，堪称法国最杰出的承前启后的数学大师。

1767 年 9 月，拉格朗日同维多利亚・孔蒂(Vittoria Conti)结婚。他给达朗贝尔的信中说：“我的妻子是我的一个表妹，曾与我家人一起生活了很长时期，是一个很好的家庭妇女。”但她体弱多病，未生小孩，久病后于 1783 年去世。小他 19 岁的皇后玛丽・安托瓦妮特(Marie Antoinette)了解他，并且希望他把那份失望孤独的心情排解出来。

他在1781年9月21日给达朗贝尔的信中说："在我看来，似乎（数学）矿井已挖掘很深了，除非发现新矿脉，否则势必放弃它……"

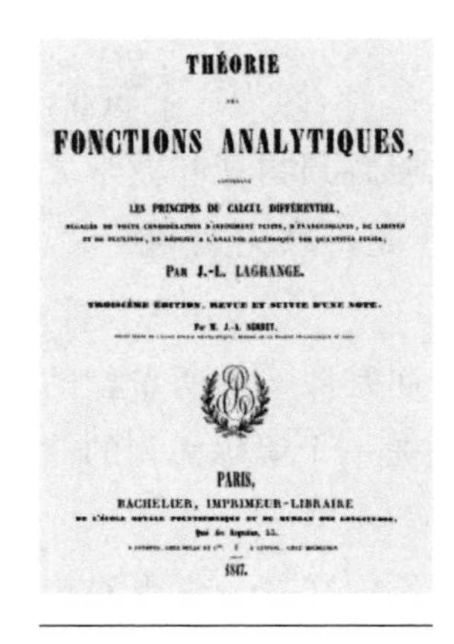
THÉORIE

FONCTIONS ANALYTIQUES,

LES PRINCIPES DU CALCUL DIFFÉRENTIEL,

PAR J.-L. LAGRANGE.

PARIS,

BACHELIER, IMPRIMEUR-LIBRAIRE

1847.

《解析函数论》

到巴黎的前几年，他主要学习更广泛的知识，如形而上学、历史、宗教、医药和植物学等。1791年，拉格朗日被选为英国皇家学会会员，又先后在巴黎高等师范学院和巴黎综合工科学校任数学教授。1795年法国最高学术机构——法兰西研究院建立后，拉格朗日被选为科学院数理委员会主席。此后，他才重新进行研究工作，编写了一批重要的著作——《论任意阶数值方程的解法》《解析函数论》和《函数计算讲义》，总结了那一时期的特别是他自己的一系列研究工作。

法国大革命发生后，他并没有离开巴黎，他想看这个革命实验是什么样子。1790年5月8日的制宪大会上通过了十进制的公制法，科学院建立相应的"度量衡委员会"，拉格朗日为委员之一。8月8日，国民议会决定对科学院专政，3个月后又决定把拉瓦锡（Antoine Lavoisier，法国有名的化学家）、拉普拉斯（Pierre-Simon de Laplace）、库仑（Charles Augustin de Coulomb）等著名院士清除出科学院，但拉格朗日被保留。

革命政府对他是很照顾的，并没有使他受苦。1795年成立国家经度局，统一管理全国航海、天文研究和度量衡委员会，拉格朗日是委员之一。法国后来占领意大利的军事领袖还亲自向他父亲祝贺，"有一个以他的天才为人类文化贡献的儿子"。1795年成立师范学院，他被聘请为教授。1797年拿破仑建立工艺学院（专门训练军官的著名学院），他被聘请向数学根底不好的官兵讲解数学。拿破仑对他非常敬重，时常和他讨论哲学问题，并征求他关于数学在建设国家上的意见。

在解析几何上的贡献

17 世纪法国出了一位著名的哲学家，他的名字叫笛卡儿（René Descartes，1596—1650）。他不但从事哲学问题的探讨，也在数学及自然科学上有重要的发现。

他在数学上最大的贡献就是创立了“解析几何”这门新数学。在他之前千百多年来，众人研究几何问题，从来没有想到可以和代数方法结合在一起。而笛卡儿却是“异想天开”第一个提出：在平面上画两条互相垂直的直线，这直线的交点叫原点，然后从原点开始在两条直线上取单位长度，以后就可以在水平方向（称为 x 轴）及垂直方向的直线（称为 y 轴）定义所有的点与原点的距离。在原点右边的点和原点的距离是“正数”，而左边的却是“负数”，在上边的点与原点的距离是“正数”，而底下那些点却是“负数”。

由这里出发，平面上的任何点 P，可以用一对数偶（a，b）表示，a 代表从这点到 x 轴作的垂直线的交点与原点的距离，而 b 却代表从这点到 y 轴作的垂直线的交点与原点的距离。

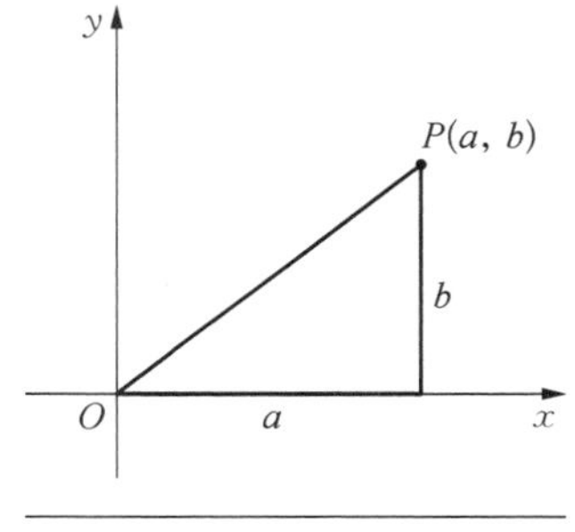

解析几何

这样几何上研究的直线、圆等曲线就可以用代数方程如 $ax+by=c$ 或 $(x-d)^2+(y-e)^2=r^2$ 来表示了。

于是几何问题就可以借助代数工具来解决了。笛卡儿的发现可以说是数学上的一场革命性的创见，对数学的推进有很重要的意义。拉格朗日在他的《关于数学的基础课程》(*Lecons Elémentaires sur les Mathematiques*)一书里,相当正确地评价解析几何的重要性:“如果代数及几何继续照它们不同的道路前进,它们的进展将是缓慢的,而且它们的应用受到限制。

可是当这些科学结合在一起,它们各从对方吸收新鲜的活力,由此以更迅速的步伐走向完美。”

拉格朗日在解析几何上有一些很美丽的发现。在他的《解析力学》一书里他曾提出力学可以看成是四维空间的几何问题:其中三维是用来表示物体位置,另外一维是作为时间坐标。而这种观点是在1915年爱因斯坦(Albert Einstein)应用在他的广义相对论后才普遍被人们所接受。

在微积分上的贡献

拉格朗日发现若函数 $f(x)$ 在区间 $[a, b]$ 满足以下条件:

(1) 在 $[a, b]$ 连续。

(2) 在 (a, b) 可导。

则在 (a, b) 中至少存在一点 c,使 $f'(c)=[f(b)-f(a)]/(b-a)$。

在《解析函数论》及收入此书的一篇论文(1772年)中,拉格朗日试图把微分运算归结为代数运算,从而摈弃自牛顿以来一直令人困惑的无穷小量,为微积分奠定理论基础方面做出独特的尝试。他又把函数 $f(x)$ 的导数定义成 $f(x+h)$ 的泰勒展开式中的 h 项的系数,并由此为出发点建立全部分析学。

可是拉格朗日并未考虑到无穷级数的收敛性问题,他自以为摆脱了极限概念,其实只回避了极限概念,因此并未达到使微积分代数化、严密化。不过,他采用新的微分符号,以幂级数表示函数的处理手法对分析学的发展产生了影响，成为实变函数论的起点。

而且，拉格朗日还在微分方程理论中做出奇解为积分曲线族的包络的几何解释，提出线性变换的特征值概念等。

在数论上的一些成果

拉格朗日到柏林初期就开始研究数论，第一篇论文是“二阶不定问题的解”（*Sur la solution des problémès in determines du seconde degrees*）。

距今 2 000 多年前埃及亚历山大城的一位名叫丢番图(Diophantus)的数学家，曾经研究怎样的整数能表示两个平方数的和。

据说真正的答案是由两位欧洲的数学家在 1 300 多年后才得到：一位是荷兰的吉拉德(Albert Girard)，时间是在 1625 年；另外一位是稍后发现的法国数学家费马。我们现在知道第一个公开的证法是欧拉在 1749 年给出的。

并不是所有的正整数都能表示为两个平方数的和，最简单的几个例子是：3，6，7，11 等。

欧拉发现：整数 $n = p_1^{a_1} p_2^{a_2} \cdots p_k^{a_k}$ 是可以表示成两个平方数的和，当且仅当素数 p_i 是属于 $4k+3$ 的类型时 a_i 必须是偶数。

吉拉德和费马同样认为：任何自然数都可以表示为最多四个平方数的和。但是人们看不到他们的证法，欧拉曾经好几次试着证明这个结果，但都不成功。拉格朗日在 1770 年，在学习欧拉以前这方面的工作之后给出了第一个证明。他的证明在数论上算是非常的美丽。

$$1=1^2, 2=1^2+1^2, 3=1^2+1^2+1^2,$$
$$4=2^2, 5=2^2+1^2, 6=2^2+1^2+1^2,$$
$$7=2^2+1^2+1^2+1^2, 8=2^2+2^2, 9=3^2,$$
$$10=3^2+1^2, 11=3^2+1^2+1^2,$$
$$12=3^2+1^2+1^2+1^2, 13=3^2+2^2,$$
$$14=3^2+2^2+1^2, 15=3^2+2^2+1^2+1^2$$

读者从以上的几个例子,可以相信这个结果的正确性吧!

1772年拉格朗日在“一个算术定理的证明”(*De monstration d'un théorème d'arthmétique*)中,把欧拉40多年没有解决的费马的猜想“一个正整数能表示为最多四个平方数的和”发表出来。

另外他也发现了一个很漂亮的关于素数的结果:对于任何整数n,我们用$n!$来表示这样的乘积$n\times(n-1)\times(n-2)\times\cdots\times 3\times 2\times 1$。例如$1!=1$, $2!=2\times 1=2$, $3!=3\times 2\times 1=6$, $4!=4\times 3!=24$, $5!=5\times 4!=120$, $6!=6\times 5!=720$。

拉格朗日发现如果n是素数(即除了1和它本身之外没有其他的约数),那么$(n-1)!+1$一定是n的倍数。

我们看$n=2, 3, 5, 7$的几个例子:

$n=2$时有$1!+1=2$,这是2的倍数。

当$n=3$有$2!+1=3$,也是3的倍数。

取$n=5$有$4!+1=25$,是5的倍数。

取$n=7$, $6!+1=721=103\times 7$,明显是7的倍数。

同样在1770年英国数学家威尔逊(John Wilson)也发现这结果并给予证明。近代许多数论的书籍中称这结果为威尔逊定理,事实上应该是把拉格朗日和威尔逊并提才对。

在1773年发表的“质数的一个新定理的证明”(*Démonstation d'un theorem nouveau concernant les nombres premiers*)中,拉格

朗日证明了这个著名的定理。

拉格朗日解决了方程 $x^2 - Ay^2 = 1$（A 是一个非平方数）的全部整数解的问题，还讨论了更广泛的二元二次整系数方程

$$ax^2 + 2bxy + cy^2 + 2dx + 2ey + f = 0$$

并解决了整数解问题。

拉格朗日的这些研究成果丰富了数论的内容。

在代数上的工作

拉格朗日试图寻找五次方程的预解函数，希望这个函数是低于五次方程的解，但未获得成功。然而，他的思想已蕴含着置换群概念，对后来阿贝尔（Niels Henrik Abel）和伽罗瓦（Evariste Galois）起到启发性的作用，最终解决了高于四次的一般方程为何不能用代数方法求解的问题。因而也可以说拉格朗日是群论的先驱。

他在方程式论上有一些工作。他在代数上最有名的一个定理就是关于群论子群的定理。

我们先讲一下群 G 的定义。群是一个数学系统，G 有一个二元运算"$*$"，满足下面性质：

(1) 结合律 $(a*b)*c = a*(b*c)$。

(2) 有一个单位元 e，即对于任何在 G 里的元素 x，有 $x*e = e*x = x$。

(3) 对于任何 x，我们一定能找到一个 y，使得 $x*y = y*x = e$。

比方说对所有的整数，它对加法运算组成一个群，这里单位元就是 0。

如果 G 的子集 H 对于该运算“ $*$ ”是封闭的，而且本身也组成一个群，那么这子集就叫子群。

例如前面的整数群的例子，所有的偶数集合组成一个子群。群可以有无限个元素。

拉格朗日发现，在有限群里，子群的元素个数一定是整个大群元素个数的约数。

在力学上的工作

拉格朗日力学是分析力学中的一种，由拉格朗日在 1788 年建立，是对经典力学的一种新的数学表述。经典力学最初的表述形式由牛顿建立，它着重分析位移、速度、加速度、力等向量间的关系，又称为向量力学。拉格朗日引入了广义坐标的概念，运用达朗贝尔原理，得到和牛顿第二定律等价的拉格朗日方程。但拉格朗日方程具有更普遍的意义，适用范围更广泛。并且，选取恰当的广义坐标，可以使拉格朗日方程的求解大大简化。

他还给出刚体在重力作用下，绕旋转对称轴上的定点转动（拉格朗日陀螺）的欧拉动力学方程的解，对三体问题的求解方法有重要贡献，解决了限制性三体运动的定型问题。拉格朗日对流体运动的理论也有重要贡献，提出了描述流体运动的拉格朗日方法。

在流体力学里，有两种描述流体运动的方法：欧拉和拉格朗日方法。欧拉法描述的是任何时刻流场中各种变数的分布，而拉格朗日法却是去追踪每个粒子从某一时刻起的运动轨迹。

拉格朗日的研究工作中，约有一半同天体力学有关。他用自己在分析力学中的原理和公式，建立起各类天体的运动方程。在天体运动方程的解法中，拉格朗日发现了三体问题运动方程的五个特解,即拉格朗日平动解。此外,他还研究了彗星和小行星的摄动问题,提出了彗星起源假说等。

在天体力学中,拉格朗日点(Lagrangian point)又称天平点是限制性三体问题的五个特解。例如,两个天体环绕运行,在空间中有五个位置可以放入第三个物体,并使其保持在两个天体的相应位置上。理想状态下,两个同轨道物体以相同的周期旋转,两个天体的万有引力与离心力在拉格朗日点平衡,使得第三个物体与前两个物体相对静止。一个小物体在两个大物体的引力作用下,在空间中的一点处,小物体相对于两大物体基本保持静止。这些点的存在由拉格朗日于1772年推导证明。

1906年首次发现运动于木星轨道上的小行星(见特罗央群小行星)在木星和太阳的作用下处于拉格朗日点上。在每个由两大天体构成的系统中,按推论有五个拉格朗日点,但只有两个是稳定的,即小物体在该点处即使受外界引力的干扰,仍然有保持在原来位置处的倾向。每个稳定点同两大物体所在的点构成一个等边三角形。

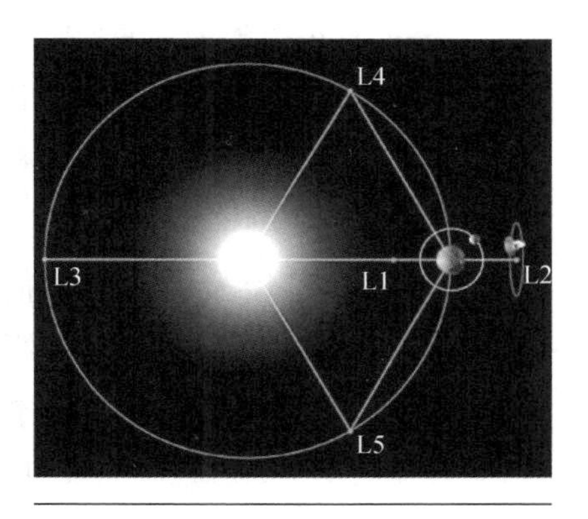

拉格朗日于1772年推导证明的两大天体构成的系统五个拉格朗日点

拉格朗日在1772年发表的论文"三体问题"中,为了求得三体问题的通解,他用了一个非常特殊的例子作为问题的结果,即:如果某一时刻,三个运动物体恰恰处于等边三角形的三个顶点,那么给定初速度,它们将始终保持等边三角形队形运动。1906年,天文学家发现了第588号小行星和太阳正好等距离,它同木星几乎在同一轨道上超前60°运动,它们一起构成运动着的等边三角形。同年发现的第617号小行星也在木星轨道上落后

60°左右,构成第二个拉格朗日正三角形。20 世纪 80 年代,天文学家发现土星和它的大卫星构成的运动系统中也有类似的正三角形。人们进一步发现,在自然界各种运动系统中,都有拉格朗日点。

拉格朗日的晚年

拉格朗日在柏林的时候,妻子患病,他专心地照顾她。但沉疴不治,她不幸于 1783 年去世,这令他非常难过。后来在巴黎时,他娶了法国天文学家勒莫尼耶(Lemonnier)的女儿。

拉格朗日很爱他的前妻,她的去世令他很消沉。他来到法国后,勒莫尼耶作为拉格朗日的好朋友邀请他来家里吃饭聊天,拉格朗日那时已是 56 岁的人了,对于科学方面已有所贡献,他也不想再做什么重要的工作。

小他差不多 40 岁的勒莫尼耶的女儿勒妮-弗朗索瓦-阿德莱德(Renée-Francoise-Adelaide)却喜欢拉格朗日,希望他能振作起来,能继续从事科研的工作。她希望他能把忧伤忘记,愿意嫁给他,照顾他的生活。她那种坚决以身相许的决心,使得丧偶 9 年的拉格朗日不得不在 1792 年娶她。

还好这位小姐是相当贤惠而且有才干的,拉格朗日结婚后有人照顾也变得振奋起来。日子过得简单、节约,虽未生儿育女,但家庭幸福。这样一直到 76 岁拉格朗日去世,他没有留下后代。

拉格朗日很喜欢音乐。他对朋友解释他喜欢音乐的理由:音乐使他沉静,他不再需要听一些闲聊,能帮助他进行思考。他说:“在听到音乐的第三个音节之后,我就听不到什么东西了,我把思想集中在考虑问题,往往这样解决了许多难题。”

1799 年雾月政变后，拿破仑提名拉格朗日等著名科学家为上议院议员，1808 年他获得新设的荣誉军团勋章并被封为伯爵。

已经 70 岁的拉格朗日，想为《解析力学》的第二版做修改及扩充的工作。他不停地工作，就像年轻时那样。可是由于衰老，他的身体不容易受头脑指挥。有一天，妻子发现他昏迷在地上，由于跌倒，头部撞到桌角而受伤。他只能躺在床上，知道自己病重，但是他仍旧坚持工作，就像一个哲学家那样沉着。

在去世前两天他叫蒙日(Gaspard Monge)及其他朋友来到床前和他们交谈："我的朋友们，昨天我就觉得病很重，我感到我快要死了，身体逐渐地衰弱。我感到我的力气逐渐消失，我将没有悲伤、没有遗憾地死去。死亡并不可怕，当它来时没有任何痛苦。"

1813 年 4 月 3 日，拿破仑授予他帝国大十字勋章，但此时的拉格朗日已卧床不起，然后就昏迷了。他在 1813 年 4 月 10 日去世，活到了 76 岁，这个朴素无华的数学家为人类留下许多丰硕的成果，他可以说是死而无憾了！

在葬礼上，由议长拉普拉斯代表上议院，院长拉塞佩德(Lacépède)代表法兰西研究院致悼词。意大利各大学都举行了纪念活动，但柏林未进行任何活动，因当时普鲁士加入反法联盟。拉格朗日死后埋葬在巴黎的圣贤祠里。

拉格朗日的著作

拉格朗日总结了 18 世纪的数学成果，同时又为 19 世纪的数学研究开辟了道路。他的著作非常多，但未能全部收集。他去世后，法兰西研究院集中了他留在学院内的全部著作，编辑出版了十四卷《拉格朗日文集》,由塞雷(J. A. Serret)主编,1867 年出版第一卷,到 1892 年才印出第十四卷。

第一卷收集他在都灵时期的工作,发表在《论丛》第一至四卷中的论文。

第二卷收集他发表在《论丛》第四、五卷及《都灵科学院文献》第一、二卷中的论文。

第三卷中有他在《柏林科学院文献》1768—1769 年、1770—1773 年发表的论文。

第四卷刊有他在《柏林科学院新文献》1774—1779 年、1781 年、1783 年发表的论文。

第五卷刊载上述刊物 1780—1783 年、1785—1786 年、1792 年、1793 年、1803 年发表的论文。

第六卷载有他未在巴黎科学院或法兰西研究院的刊物上发表过的文章。

第七卷主要刊登他在师范学校的报告。

第八卷为 1808 年完成的《各阶数值方程的解法论述及代数方程式的几点说明》(*Traité des équations numériquesde tous les degrés, avec des notes sur plusieurs points de lathéorie des equations algébriques*)一书。

第九卷是 1813 年再版的《解析函数论,含有微分学的主要定理,不用无穷小,或正在消失的量,或极限与流数等概念,而归结为代数分析艺术》一书。

第十卷是 1806 年出版的《函数计算教程》一书。

第十一卷是 1811 年出版的《分析力学》第一卷,并由贝特朗(J. Bertrand)和达布(Gaston Darboux)做了注释。

第十二卷为《分析力学》的第二卷,仍由上述两人注释,此两卷书后来在巴黎重印(1965 年)。

第十三卷刊载他同达朗贝尔的学术通讯。

第十四卷是他同孔多塞(Marie-Jean-Antoine-Nicolas Caritat de Condorcet)、拉普拉斯、欧拉等人的学术通讯,此两卷都由拉兰纳(L. Lalanne)做注释。

还计划出第十五卷,包含1892年以后找到的通讯,但未出版。

10 我的厄多斯数

我的厄多斯数是2,这意味着什么呢?

——作者

什么是厄多斯数

保罗·厄多斯(Paul Erdös, 1913—1996)是20世纪的大数学家,匈牙利籍犹太人。他撰写数学论文超过1 500篇,450多人与他合写论文。

他工作的范围涵盖:凸分析、几何拓扑学、概率论、复分析、逼近论、群论、图论、数论、集合论、泛函分析、信息论、统计、一般拓扑和代数拓扑。

他在1996年9月20日因心脏衰竭去世。人已走了,但每年还有他与人合写的论文陆陆续续在发表。你会觉得奇怪,死人还会发表论文!?

厄多斯可贵之处是"身无分文",令人惊讶的是他没有任何正式的职位,也没有固定的收入,他是靠在各地演讲赚取一些演讲费,以及靠一些合作者提供食宿过日子。

厄多斯

他终生未婚，所以是属于“处处无家处处家”类型的人。他可以说是“无产者数学家”，一心就是专注研究数学。他周游世界，实际上，他花一两个星期与他的合作者生活在一起，证明他的猜想。然后，前往下一个合作者处。他爱说这样的话：“有位法国社会主义者说私有财产是窃取之物，而我认为私有财产是累赘。”

他对年轻人说：“在天上和地上没有正义，可是在数学上就有。因此尽量做好你的数学。”

在体现数学合作的力度和广度方面，厄多斯超过任何其他数学家。因为他没有家也没有什么特别的工作，他着迷于数之间的关系，从世界各地的一个数学中心旅行到另一个，寻求新的合作伙伴，继续进展中的工作，发现有趣的问题。他的功劳是提出了大量的问题，与其他数学家大规模协作，并产生合作论文。

1984 年，他获得以色列沃尔夫数学奖（Wolf Prize）的主要原因之一就是以上说的“个人刺激世界数学家一道工作”（for personally stimulating mathematicians the world over）。

纽约库朗研究所数学和计算机科学教授斯宾塞（Joel Spencer）曾和厄多斯合作，他说的下面这一段话已经能够说明厄多斯对数学精神的影响：“是什么使得我们这么多人聚集在他的圈子里？怎样解释我们在谈论他时获得的欢乐？为什么我们会喜欢讲述厄多斯的故事？我曾经对此思考过很多，我想这是一种信念（belief），或者说信仰（faith）。我们都知道数学的美，而且我们相信她的永恒。上帝创造了整数，剩下的都是人的工作。数学真理是亘古不变的，她存在于物理现实之外。举个例子，当我们证明了‘若 $n \geqslant 3$，则任两个 n 次幂之和都不会是 n 次幂’的时候，我们发现了一条真理。这就是我们的信念,是我们工作的动力。然而,对一个数学界以外的朋友解释这种信念,就像是对无神论者解释上帝。保罗实践了这种对于数学真理的信仰。他把他的全部聪明才智和超人的力量都贡献给了数学的殿堂。他对他的追求的重要性和绝对性毫不怀疑。了解了他的信仰,你就会产生同样的信仰。我有时会觉得,宗教界的人士比我们这些理性主义者更能够理解这个独特的人。"

1957年普林斯顿大学的约翰·伊士贝(John Isbell)最早提出"厄多斯数"(Erdös Number)的概念。

厄多斯本尊,定义他的厄多斯数是0。

如果某人A与厄多斯合写论文而且发表,那么他的厄多斯数是1。

如果B没有和厄多斯合写论文,但与A合写,那么他的厄多斯数就是2。

我们可以依此类推,如果一个人与C(C的厄多斯数是k)合写过论文,而他没有与其他厄多斯数小于k的人合写过论文,那么他的厄多斯数就是$k+1$。

因此我们可以定义,令S是所有曾发表过数学论文的数学家集合,我们定义一个函数

$\mathrm{EN}: S\rightarrow \mathrm{N}$

EN(厄多斯)$=0$

$\mathrm{EN}(\mathrm{x})=1$　当且仅当x与厄多斯合写过论文

$\mathrm{EN}(\mathrm{x})=k$　当x和y合写过论文而$\min\limits_{y}\mathrm{EN}(y)=k-1$

$\mathrm{EN}(\mathrm{x})=\infty$　如果x没有和任何具有有限厄多斯数的人合写过论文

1969年在《美国数学月刊》(*American Mathematical Monthly*)发表了谷夫曼(Casper Goffman)的论文"你的厄多斯数是多少?"(*And what is your Erdos number?*),开始引起人们对厄多斯数的兴趣。

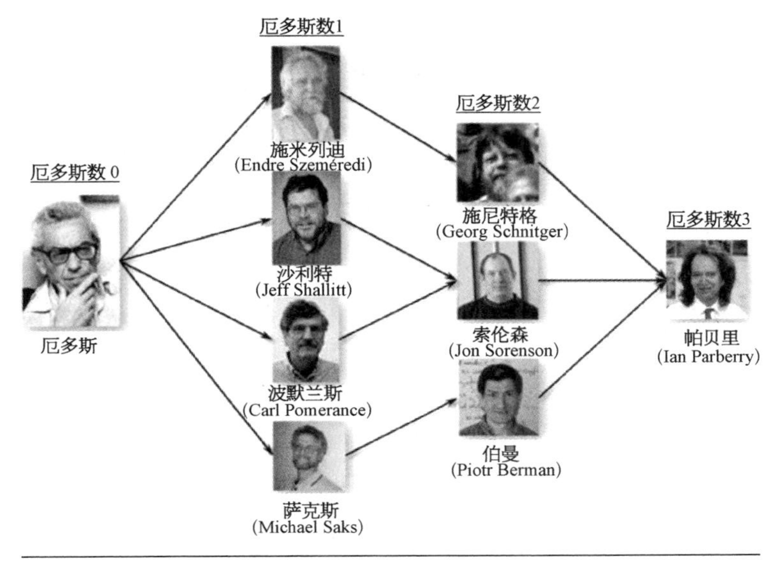

部分拥有小厄多斯数的科学家

在美国密歇根州罗切斯特市(Rochester)的奥克兰大学(Oakland University)有一个名叫杰罗·克罗斯曼(Jerrold W. Grossman)的教授对厄多斯数有兴趣,他扩大考虑的集合,并不局限于数学家,而是全人类,即令 H 为全世界的人类,同样定义 EN: H→N。

我们可以问:"爱因斯坦的厄多斯数是多少?"因为爱因斯坦是物理学家,不算是数学家,因此这样扩充定义就有意义。

我们的答案是 EN(爱因斯坦)=2

施特劳斯

爱因斯坦与德国数学家施特劳斯(Ernst Gabor Strauss, 1922—1983)合写过论文,施特劳斯出生于德国慕尼黑犹太人家庭,1933 年逃避纳粹迫害移民到巴勒斯坦。他是一个数学天才,有了大学学位就进入美国纽约哥伦比亚大学,在1948 年获博士学位,两年后成为爱因斯坦的助手,在普林斯顿高等研究院三年之后,就搬到加利福尼亚州成为加州大学洛杉矶分校教授。

如果你对物理有兴趣,你可以发现一些有趣的讯息,许多诺贝尔物理学奖获得者的厄多斯数都是有限的,这里列下一些数值:

x(获诺贝尔奖年份)	EN(x)
爱因斯坦(1921)	2
玻尔(1922)	5
费米(1938)	3
狄拉克(1933)	4
杨振宁(1957)	4
李政道(1957)	5
理察·费曼(1965)	3
莫里·盖尔曼(1969)	3
朱棣文(1997)	7
大卫·维因兰(2012)	3

曾任美国能源部部长的朱棣文(Steve Chu, 1948—)1997年以关于原子和粒子的激光冷却的研究,获得当年的诺贝尔物理学奖,1970年于罗切斯特大学获物理和数学学士学位,可是他的厄多斯数是7。

如果你对经济学感兴趣,底下是一些诺贝尔经济学奖获得者的一些厄多斯数:

x(获奖年份)	EN(x)
萨缪尔森(1970)	5
西蒙(1978)	3
马库维兹(1990)	2
阿马蒂亚·森(1998)	4
纳什(1994)	4
罗思(2012)	3
沙普利(2012)	3

而底下是一些诺贝尔化学奖获得者的厄多斯数：

x(获奖年份)	EN(x)
德拜(1936)	5
麦克米伦(1951)	6
鲍林(1954)	4
霍夫曼(1981)	6
马库斯(1992)	4

诺贝尔奖没有设立数学奖，在数学界有一个等价于诺贝尔奖的奖项是菲尔兹奖，我列下一些获得菲尔兹奖的著名数学家的厄多斯数：

x(获奖年份)	EN(x)
施瓦兹(1950)	4
塞尔伯格(1950)	2
塞尔(1954)	3
小平邦彦(1954)	2
托姆(1958)	4
阿蒂亚(1966)	4
格罗滕迪克(1966)	5
邦别里(1974)	2
汤普森(1970)	3
丘成桐(1982)	2
德利涅(1978)	2
诺维科夫(1970)	3
广中平佑(1970)	4
陶哲轩(2006)	2
吴宝珠(2010)	4

塞尔伯格

任教于加州大学圣迭戈分校(UC San Diego)的金芳蓉(Fan Rong K. Chung Graham)厄多斯数是1,她与丘成桐合写过论文,但丘成桐没有和厄多斯合写过论文,因此丘成桐的厄多斯数是2。

塞尔伯格(Atle Selberg, 1917—2007)是挪威数学家,1947—1948年在普林斯顿高等研究所工作,第二年到锡拉丘兹大学当助理教授,然后在1949年又回高等研究所成为永久成员,后得菲尔兹奖,被普林斯顿大学聘为正教授。

对正实数x,定义$\pi(x)$为素数计数函数,亦即不大于x的素数的个数。25以下的素数是2,3,5,7,11,13,17,19和23,所以$\pi(3)=2$, $\pi(10)=4$和$\pi(25)=9$。

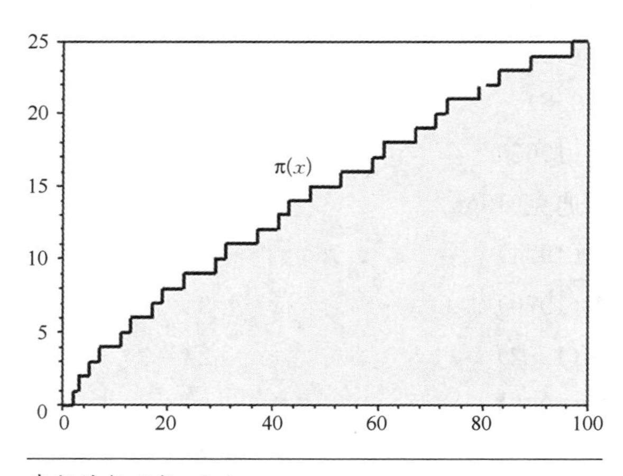

素数计数函数$\pi(x)$

高斯在1849年圣诞前夕给天文学家恩克写了一封著名的信,谈到他注意的问题,即找到一个$\pi(x)$的渐近公式,其历史可以追溯到1792年或1793年(当时他15或16岁)。高斯找到了一些函数来估计π(x)。

$$\pi(x) \approx \frac{x}{\ln x}$$

其中 $\ln x$ 为 x 的自然对数。上式的意思是当 x 趋近∞时，π(x)与 $x/\ln x$ 的比值趋近 1。

写成分析式子就是数论中高斯那著名的“素数猜想”：

$$\lim_{x\to\infty}\frac{\pi(x)}{x/\ln(x)} = 1$$

1793 年高斯提出这猜想，但没法子证明。独立于高斯，法国数学家勒让德(A. Legendre)也提出这猜想。1896 年法国数学家阿达马(J. Hadamard)与比利时数学家布桑(Charles Jean de la Vallée Poussin)用复变函数论工具证明了这猜想，1903 年德国数学家朗道(Landau)给出了一个较简单的证明。

1949 年厄多斯来普林斯顿高等研究所，与塞尔伯格合作用数论方法给出了这定理的初等证明。本来他们是决定一起发表这个初等证明，但塞尔伯格抢先独自发表。由于这工作重要，他一个人在第二年获得菲尔兹奖，而厄多斯却失去机会。塞尔伯格以后也不可能和厄多斯合作了，所以他的厄多斯数永远是 2。

合作图

葛立恒(Ronald Graham，1935—　)是金芳蓉的丈夫，他曾经是美国数学学会(AMS)主席、AT&T 首席科学家。现在是加州大学圣迭戈分校计算机科学与工程系教授。

葛立恒和厄多斯花了很多时间一起研究拉姆赛理论。他们合写了一本书。

1979年,葛立恒画了一副合作图,图G表示曾发表过数学论文的数学家集合,两个数学家顶点x和y有连接仅当他们联合发表过论文。

2010年12月人们使用60多年的《数学评论》(*Mathematical Reviews*)的数据,画出此图,大约有337万个顶点和496 000条边。

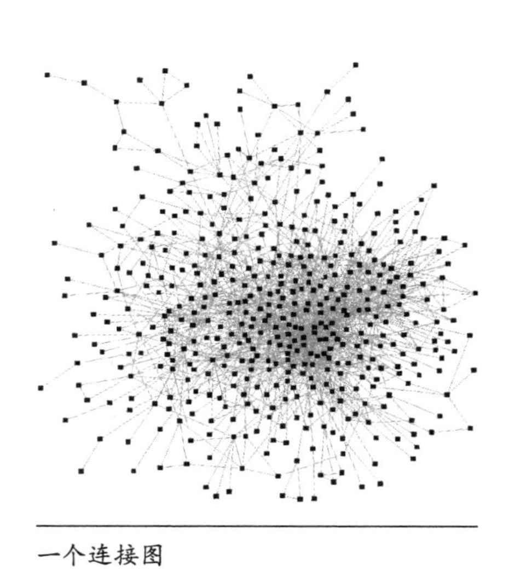

一个连接图

厄多斯数0——1人
厄多斯数1——504人
厄多斯数2——6 593人
厄多斯数3——33 605人
厄多斯数4——83 642人
厄多斯数5——87 760人
厄多斯数6——40 014人
厄多斯数7——11 591人
厄多斯数8——3 146人
厄多斯数9——819人
厄多斯数10——244人
厄多斯数11——68人
厄多斯数12——23人
厄多斯数13——5人

在网站MathSciNet上,有一个工具计算任何两位作者之间的协作距离。

例如写大量数学科普文章的马丁·加德纳(Martin Gardner)和加拿大的理查德·盖伊(Richard Guy)合写过论文,理查德·盖伊也和厄多斯写论文,因此马丁·加德纳的厄多斯数是2。

我有一位美国朋友阿瑟·霍布斯(Arthur Hobbs)是塔特(William Tutte,1917—2002)的博士生,塔特与图灵(Alan

Turing，1912—1954）在二战时一起破译德国密码，战后移居加拿大在滑铁卢大学教图论。塔特的厄多斯数是 1。

这朋友与其导师塔特合写过论文，因此他的厄多斯数是 2，但是他看到有一些他认识的数学教授没有他工作那么好，却有厄多斯数 1，心理非常不痛快。

塔特

他告诉我他想要使他的厄多斯数由 2 变成 1。有一次参加一个数学会议，他在会议主办方安排的参观当地名胜时设法在途中的巴士上坐在厄多斯的旁边，然后告诉他自己研究还未解决的问题，设法引起厄多斯的兴趣，结果这个老先生上钩了，竟然想出方法帮他解决了他不能做的问题，于是他写了这篇文章，以两人的名义发表，他很高兴他的厄多斯数从 2 变成 1。

1996 年 6 月他跟我讲这故事时，我们同时参加在路易斯安那州的巴吞鲁日（Baton Rouge）的东南国际图论组合及计算会议。厄多斯坐在前排听格哈特·林格尔（Gerhart Ringel）的报告。报告结束时，厄多斯小声地问了一个问题，就在提问的当中，他突然昏厥倒下，我们看到厄多斯因心脏病倒下送到医院的情形。后来厄多斯装心脏起搏器又回来参加会议。

霍布斯要我赶快找机会和厄多斯合写论文，不然他去世之后就没有机会了。

我听了笑笑，事实上我对这个厄多斯数不感兴趣，而且我和厄多斯有一个共同的问题却一直没有解决，这问题是我的一个猜想，提出有 30 多年，许多人（包括魏万迪教授）尝试解决，只做到一些微小部分。

后来为了纪念去世的塔特教授，我和密歇根大学的沙特朗

(G. Chartrand)和张平教授一起写一篇文章,并发表在《离散数学》(*Discrete Mathematics*)杂志上,由于 EN(沙特朗)=1,于是我的厄多斯数顺理成章是 2。

11 业余数学迷

十多年前的一天，我在办公室让学生来问问题。有一个学生告诉我，办公室外面有一位先生想见我。

我替那位同学解决了他的问题后，我请这位美国人进我的办公室。他先递给我一张名片，我一看是我们大学理学院的技工。他说去年来听我演讲关于哥德巴赫猜想及陈景润的工作，陈景润苦心钻研哥德巴赫问题的事迹使他很感动。

他告诉我，他可能解决了哥德巴赫问题了。

我说："It is good for you, if you can solve this problem."我问他对这个问题研究了多久，他说他已经钻研这个问题十多年了，只是在去年听我讲陈景润过世了，他就连续十个月每天下班后晚上在家里继续研究。他现在觉得是得到了一些正面的结果。

他拿出用打字机打的厚厚一叠论文要给我。我对他说："我现在眼睛不是太好，不想看，我安排一个时间让你来我们系演讲，我们每个星期三下午两点半到三点半都会在一起讨论数论及代数的问题。我和埃格尔(Hugh Edger)教授谈，让你在两个星期后来讲,我们有许多人在一起可以马上判断你的方法是否对,好吗?”

我就问他是用什么方法解决的,是用解析数论还是用代数几何的方法。他说都不是,是用初等数论的方法。

我就对他说,19 年前有一个在缅甸的中学老师寄给我厚厚的一叠稿件说他证明了费马猜想。由于缅甸地方偏僻,他在孤军作战的情况下钻研这个世界难题,很可惜他不知道他不可能用数学归纳法解决此问题,我很快发现他的错误并劝他不要在这方面花费时间。

那一年之后又有一个不速之客,一位七十多岁的老先生骑自行车从加州北部一个很远的城市跑来找我,说他解决了几何的一个大难题“三等分任意角”。我问他,他用的尺是否有刻度,他说没有,他要我看他的方法。

我对他说:“如果尺是没有刻度的,我们已经用抽象代数(即近世代数)的工具证明这问题无解,因此我不想看你的方法,我可以给你一些书看看为什么这问题无解。”

这老先生有一个令人惊异的地方,他不是数学家但他是一个发明家,年轻时曾参加过奥运会,他把脚踏车改良后,可以不必太费力踩就可以骑得很远。如果说“老当益壮”,他是当之无愧。

他喜欢在宽阔的草原地带奔跑,不喜欢在车多的地方骑自行车。

我对他说如果直尺有刻度,这问题早在两千多年前已解决了,不要浪费时间去寻找。如果他对数学有兴趣,我可以给他其他的问题去思考。

同一时候,我接到我校黄教授的电话,她说她刚从台湾回来,遇见一位退休的工程师。这位工程师告诉她,他已解决了“三等分任意角”问题,希望我能告诉她在美国有什么会议可以让他来演讲这个结果。我建议他不必跑到美国,只要去台湾大学数学系找教近世代数的教授，就可以知道这问题是无解的。

我在20年前收到中国大陆的一位读者来信，他说他已经解决了“地图四色问题”，他说他初中时专攻数学，但抗日战争时参加部队就没有读书。以后利用工作之余自己看书研究，结果竟然在对外的英文报章宣布已证明了“地图四色问题”。

人们借助计算机证明了“地图四色问题”，可是数学家们还不满足，希望找到单纯用数学而不用计算机帮助的证明，可是这个工作不是那么容易就可以做到的。

写于2012年5月25日

12 激情曾是年轻时

——第一次发现新定理的经历

山重水复疑无路，柳暗花明又一村。

——陆游《游山西村》

1%的可能，要付出99%的努力去实现它。

——李明博

只拥有聪明才智是不够的，重要的是如何去使用它。

——笛卡儿

路是要自己走的，道理是要自己认识的，学术上的结论是要靠自己研究得来的。

——冯友兰

我对自己研究发现的一些情况由于脑受伤而大部分都已忘记了。可是第一次的发现，像小夜莺的莺啼初唱，整个过程还鲜明地记在脑子里。

那是20世纪70年代初，我在加拿大念研究生。我想为一种新的代数系统找出公理来予以刻画。这代数系统是用来自波兰的盲眼数学家布隆卡（J. Plonka）的一个构造法对环上的模产生的。

由于这是一个新的代数系统，世上没有任何文章可以参考。我只知道一定存在一套公理来刻画，但只找到了几个显而易见的公理，还差一个关键性的公理却不知从何找起。

法国数学家笛卡儿说："如果你是个真正的真理追寻者，在你的人生中，你就至少必须深入质疑所有的事一次。"我想要自己找出答案。

刚好有一个长假，星期一放假不上课，我决定留在学校工作。我想从星期五晚上开始工作，直到星期一才回家休息。计划用三天的时间解决。

在学校餐厅吃了晚餐之后，我就回系里的图书馆工作。系里给每个助教一把开图书馆的钥匙，图书馆关门后我们仍能开门进去看书翻杂志。

工作到快十点时，加拿大清洁工人史密斯来打扫。我以前时常帮他清洁走廊及打扫图书馆，我们是好朋友。

这一天我告诉史密斯先生，我在考虑一个问题，在争取时间工作，不能和他聊关于越战的问题，也不能帮他做吸尘工作。

他问我是否会在图书馆工作到天亮，他说过了半夜之后，图书馆的暖气会减少，不要留在图书馆，否则会受寒。

我说会回到办公室工作，可以一面工作一面听收音机里播放的古典音乐。

史密斯清洁完要离开前，拿了一些鲑鱼西红柿的三明治给我说："孩子，你晚上肚子饿的时候可以吃，不要工作太晚。如果晚上回家经过树林时要小心，那里出现过狼。"

我笑着说："我可能要做到星期天的天亮才回家，所以白天回去不会碰到狼吧？"心里真感激他对我的关怀。

研究却不顺利，我一直找不到要找的东西。我一直工作到清晨七点，才跑去学生宿舍的餐厅买早餐吃。我怕吃太饱会想睡觉，只吃了一碗燕麦粥，上面撒了一些黄糖，再倒一点牛奶，连面包都不敢吃。

工作到星期六中午，肚子是有些饿，但是嫌去餐厅吃饭要走一段路，而且排队也太浪费时间，就到数学系楼下电梯旁的食物贩卖机，买一个三明治和一瓶巧克力牛奶做午餐。晚餐也同样解决，一直呆在办公室工作。

星期六一整天没有成果，到了星期日我有些筋疲力尽。早上古典音乐的节目没有了，播放的是基督教的圣歌，啊！已经是星期日，是人们去教堂礼拜的日子。

I'm at the end of my rope，我已经到了“山穷水尽”的地步，我想要找的“杏花村”在哪里呢？

对了，真理的大门是敞开的，只要你有心去探索，下定决心，不怕困难，一定能排除万难，进入真理的大门。

最怕这时泄气，准备放弃，那么就前功尽弃。正像古书所说的“为山九仞，功亏一篑”。

这时我把以前失败的情形再重新考虑，为什么会失败？有什么情况我没有考虑？最后决定考虑新的方向。

星期五和星期六研究的情况就像王安石诗里所写的“青山缭绕疑无路”，到了星期日曙光初现，“忽见千帆隐映来”。我是进入佳境，越来越感到胜利在望，很快就要得到我想要的东西了。

我已经是两天两夜没睡觉，真的很想睡觉，但是又怕一睡了，思路中断，于是自己对自己说：“坚持就是胜利。”

到了星期一早上五点时，总算找到了我要找的东西，真的好高兴。花了一个钟头把这发现写成稿子，准备回家睡觉。

这时觉得应该好好地酬劳自己，去餐厅吃早餐，打算除了要一碗燕麦粥，还要加上炒鸡蛋和火腿肉，以及两条香肠和两片黄油加花生酱的面包。

我是第一个在餐厅门前排队的人，可是奇怪大门紧锁，也没有学生来。过了15分钟到了开门时间，这时我才发现门上有一个通告，星期一是假期，餐馆不开，星期二早上才会照常营业。我怎么最初没注意到，真是迟钝！

只好空肚子跑回家，一进入校外便没有暖气，外面是零下30多度，刮起风真不好受，脸像被刀片割。路上积雪深，人由于长时间没有睡觉，走起路来像喝醉酒一样不容易平衡，很容易摔倒。

这时我警告自己不可以昏倒，如果倒下去，很快就会变成冻尸。我拼命地跑，戴在头上的毡帽，什么时候掉了都不知道。

回到家调高了暖气，打开电冰箱，只见蛋盒里有两个鸡蛋，牛奶只有一杯。搞了半生熟的蛋，囫囵吞枣地咽下，就钻进被窝睡了。

一睡就超过24小时，第二天起来一看手表已是8点15分。糟糕！8点要为学生讲解微积分习题，睡过头了。在睡裤上套了牛仔裤，睡衣来不及脱下，套上了冬大衣就往学校冲。进入教室已是8点半，还好学生没有跑掉。不敢脱冬大衣，怕学生看到我的睡衣，课讲完了又匆匆忙忙跑回家去换衣服。

斯坦福大学美籍匈牙利数学家乔治·波利亚(George Pólya，1887—1985)说过："一个伟大的发现能解决一个大的问题，但是任何问题的解答总是有些个性。你的问题或许只是个普通的问题，但是如果它挑战了你的好奇心并且将你富有创造力的天赋展现出来，用你自己的方式解决它，你会感受到压力，但是也能享受到发现新事物时的喜悦。"

乔治·波利亚

人生最美好的是你发现你能做什么事，我想我应该能成为一个数学家。第一次独立发现新的定理，这种激情就像年轻人初恋时第一次接吻一样。

这就是为什么我以后的发现经历都忘记了,唯有第一次的喜悦印象因美好而难忘,还刻骨铭心地记着。而这处女作在1971年的匈牙利数学杂志上作为附注发表,论文是谈较复杂的半环结合环用布隆卡结构法构成的问题。

参考文献

1. 邹大海.从《算数书》盈不足问题看上古时代的盈不足方法.自然科学史研究,2007,26(3):312—323.
2. 钱宝琮.中国数学史.李俨钱宝琮科学史全集(第5卷).沈阳:辽宁教育出版社,1998.
3. 李俨.中国古代数学史料.李俨钱宝琮科学史全集(第2卷).沈阳:辽宁教育出版社,1998.
4. 曾海龙.白话《九章算术》.重庆:重庆大学出版社,2006.
5. 南开大学——知名校友——钱宝琮,2002-10-24. http://www.cuaa.net/college/uarea_information/information.jsp?school_inf ormation_id=3689.
6. 继往开来者,百世尚流芳——钱宝琮,2004-10-22. http://zsb.nankai.edu.cn/shownews.asp?newsid=628.
7. 张奠宙,王善平.三上义夫、赫师慎和史密斯——兼及本世纪初国外的中算史研究.中国科技史料,1993(04).
8. 刘兵.钱宝琮——在中国介绍研究新人文主义的先驱.重庆大学学报(社会科学版),2005(1):47—50. http://shc2000.sjtu.edu.cn/0504/qianbaoc.htm.
9. 刘洁民.南开大学数学系的创始人——姜立夫. http://www.gmw.cn/content/2005-06/07/content_244271.htm.

10. 钱灿. 回忆父亲钱宝琮. http://www. jaaslib. ac. cn: 88/qiushinet/Qiushinet-8/qianbaozhong. htm.
11. 钱永红. 一代学人钱宝琮. 杭州：浙江大学出版社，2008.
12. 梅荣照. 两种学术风格——纪念李俨与钱宝琮诞生百周年. 科学月刊，1992(276). http://210. 60. 226. 25/science/content/1992/00120276/0013. htm.
13. 李俨钱宝琮科学史全集. 沈阳：辽宁教育出版社，1998.
14. 陶哲轩. 一个华裔数学天才的传奇. 南方周末，2006. 8. 31. http://www. southcn. com/weekend/top/200608310026. htm.
15. 刘小川. 陶哲轩，未被神化的天才. http://liuxiaochuan. wordpress. com/2008/07/19/%E9%99%B6%E5%93%B2%E8%BD%A9%EF%BC%8C%E6%9C%AA%E8%A2%AB%E7%A5%9E%E5%8C%96%E7%9A%84%E5%A4%A9%E6%89%8D/.
16. 天才儿童，自己学会认字，陶哲轩：数学界的莫扎特. http://big5. xinhuanet. com/gate/big5/news. xinhuanet. com/overseas/2006-08/28/content_5015292. htm.
17. An Interview with Terence Tao-AMS Graduate Student Blog. http://mathgradblog. williams. edu/?p=399.
18. Batagelj V, Mrvar A. Some analyses of Erdös collaboration graph. *Social Networks*, 2000,22(2): 173 - 186.
19. Goffman C. And what is your Erdös number?. *American Mathematical Monthly*, 1979,76: 791.
20. Grossman J W. The Erdos Number Project. http://www. oakland. edu/~grossman/erdoshp. html.
21. Peterson I. Groups, Graphs, and Erdös Numbers. http://www. maa. org/mathland/mathtrek_06_14_04. html.
22. Spencer J, Graham R. The Elementary Proof of the Prime Number Theorem. http://www. cs. nyu. edu/spencer/erdosselberg. pdf.